Vonier/Keil
unlearning hierarchy

unlearning hierarchy

Expedition in die Selbstorganisation

von

Lennart Keil

und

Daniel Vonier

Verlag Franz Vahlen München

Daniel Vonier ist Betriebswirt, systemischer Coach und Gastdozent an verschiedenen Hochschulen. Durch seine exponierten Führungsrollen bei Siemens, Deutsche Telekom und SAP bringt er eine tiefgreifende Erfahrung und breite Expertise in den Bereichen Leadership & Talent Development, Organisationsentwicklung und Kulturwandel aus einigen der bedeutendsten Dax-Konzerne mit.
info@daniel-vonier.de
linkedin.com/in/danielvonier/

Lennart Keil ist Organisationsentwickler, Psychologe und Mitbegründer des New Work Movements bei SAP, dem über 3000 Mitarbeiter:innen angehören. In seiner Arbeit integriert er auf kreative Weise moderne Ansätze wie Agilität und Design Thinking mit systemischem Coaching und psychologischer Tiefe.
info@lennartkeil.de
lennartkeil.de
linkedin.com/in/lennartkeil/
www.unlearning-hierarchy.de

ISBN Print: 978 3 8006 6642 3
ISBN E-BOOK (ePDF): 978 3 8006 6643 0
ISBN E-BOOK (ePub): 978 3 8006 6644 7

© 2022 Verlag Franz Vahlen GmbH,
Wilhelmstr. 9, 80801 München
Satz: Fotosatz Buck
Zweikirchener Str. 7, 84036 Kumhausen
Druck und Bindung: Beltz Grafische Betriebe GmbH
Am Fliegerhorst 8, 99947 Bad Langensalza

Umschlaggestaltung: Ralph Zimmermann – Bureau Parapluie

Vorwort von Tim Höttges

Sollten wir uns Hierarchien abgewöhnen? Und wenn ja, können wir das überhaupt? Als ich zum ersten Mal den Titel dieses Buches von Daniel Vonier und Lennart Keil gehört habe, war ich skeptisch: soll *Unlearning Hierarchy* ein Plädoyer sein für *weniger* Führung? Und das ausgerechnet in einer Zeit voller Unsicherheit, voller Herausforderungen, von der Digitalisierung über die COVID-19 Pandemie bis hin zum Klimawandel? Auf den zweiten Blick aber wurde schnell klar: das Gegenteil ist gemeint. Wir brauchen *mehr* Führung. Nur anders, als wir es vielleicht gewohnt sind.

Die zunehmende Digitalisierung der (Wirtschafts-) Welt macht es möglich, immer vernetzter zu leben und zu arbeiten. Dadurch entstehen viele positive Effekte, weshalb wir als Deutsche Telekom (DT) alles daran setzen, diese Vernetzung zu fördern. Doch das digitale, globalisierte Leben bringt auch eine steigende Komplexität und Dynamik mit sich. Wir leben zunehmend in einer Welt, in der wir nicht genau wissen können, was uns morgen erwartet. Um dennoch gut darin zu navigieren wird es immer wichtiger, dass wir anpassungsfähig und lernfähig sind. Dies gilt auf persönlicher, aber auch auf organisationaler Ebene.

Damit diese Anpassungsfähigkeit in die Kultur von Organisationen integriert werden kann, braucht es ein Umdenken von Unternehmensleitern, Führungskräften und Mitarbeitern. Viele große Organisationen und Konzerne sind noch gehemmt durch traditionelle Bürokratie und Hierarchie, durch ein zu hohes Maß an Formalisierung und Kontrolle. Organisationen und die Menschen in ihnen können aber erst dann ihr volles Potenzial entfalten, wenn wir es schaffen, über diese Altlasten hinauszuwachsen.

Aus dieser Überzeugung haben auch wir uns bei der DT vor vielen Jahren aufgemacht, unsere Organisation zu transformieren. Wir sind inzwischen auf einem sehr guten Wege: aus einem vermeintlich trägen Staatsbetrieb haben wir uns zu einem modernen Unternehmen neu erfunden, und sind mittlerweile einer der erfolgreichsten Telco-Player weltweit.

Wie schaffen wir es, uns immer wieder neu zu erfinden? Transformationen sind ein sehr persönlicher Lernprozess, für Mitarbeiter:innen, aber insbesondere auch für das Führungsteam. In meiner Zeit als CEO – und auch in den vorherigen Rollen – habe auch ich mein Verständnis von Menschen- und Unternehmensführung immer wieder reflektiert und neu kalibriert. So manche vertraute Gewohnheit musste ich loslassen, einige tief verankerte Überzeugung „verlernen". Genau hier setzt dieses spannende Buch an, und ich konnte bei der Lektüre immer wieder Parallelen zu meinen eigenen Erfahrungen herstellen.

CEOs und Vorstände kommen – was bei diesem Buchtitel wenig überraschen sollte – nicht immer gut weg. Durchaus zurecht, denn wenn wir Organisationen neu denken, kommen wir auch nicht um eine Entmystifizierung dieser exponierten Rolle herum. Ein CEO kann weder alles können, noch kann sie oder er alles wissen. Dennoch habe ich diesen Text nie als einseitige Kritik an den Verantwortlichen verstanden. Vielmehr wird deutlich: auch in Zukunft werden wir Menschen brauchen, die Verantwortung übernehmen und Führungsrollen einnehmen. Nur eben mit einem anderen Selbstverständnis. Es geht nicht um ein oben-gegen-unten oder ein entweder-oder, sondern um eine gesunde Balance, um eine passende Mischung. Und um diese immer wieder zu finden, braucht es Vernetzung und offenen Dialog – auf allen Ebenen.

Für diesen Dialog leistet das vorliegende Buch einen wertvollen Beitrag, denn es geht in die Tiefe und wirft einen ehrlichen Blick unter die Motorhaube großer Organisationen. Die Lektüre dieses Buches kann ich jedem empfehlen, der sich für mehr Innovationskraft, mehr Agilität und Selbstorganisation einsetzt – und dabei wirklich etwas bewegen will. Ich wünsche viel Erfolg bei der Expedition!

Tim Höttges – CEO Deutsche Telekom AG

Inhaltsverzeichnis

Intro

Eine Bewegung entsteht

Alles begann mit einem Frühstück. Im Februar 2017 luden Kolleg:innen der SAP zum ersten „New Work Breakfast" ein. Die Initiator:innen hatten mit ihrem Team vom SAP-AppHaus – einer Innovationsberatung für SAP-Kunden – mutige neue Wege in der Zusammenarbeit eingeschlagen: Von der partizipativen Gestaltung ihrer Büroräume bis zur demokratischen Wahl ihrer Führungskräfte praktizierte das 60-köpfige Team eine ungewohnt weitreichende Kultur der Mitbestimmung. Jetzt, nach drei Jahren des Experimentierens, wollten sie ihre Erfahrungen und Herausforderungen mit uns SAP-Kolleg:innen teilen. In entspannter Atmosphäre, bei Butterbrezeln und Kaffee.

Gerechnet hatten sie mit einer Handvoll Teilnehmer:innen, doch an diesem Morgen standen plötzlich über 40 neugierige SAP-ler vor der Tür des AppHauses in Heidelberg – Menschen, die offensichtlich hungrig danach waren, neue Formen der Organisation und der Führung kennenzulernen.

Viele von ihnen waren erfahrene Mitarbeitende, nicht wenige von ihnen in Führungspositionen. Niemand, das stellte sich bald heraus, war zum Nörgeln hier. Alle wollten das Unternehmen nicht schlechtreden, sondern besser machen. Denn, obwohl die wirtschaftlich erfolgreiche SAP regelmäßig unter den beliebtesten Arbeitgebern in Deutschland landet, spürten offenbar doch viele, dass sich etwas ändern muss, wenn die Organisation auch in Zukunft erfolgreich sein soll.

Auch wir, die Autoren, fanden uns mit Butterbrezel in der Hand im AppHaus wieder. Als Organisations- und Personalentwickler hatten wir über die letzten 15 Jahre zahlreiche Veränderungsinitiativen erlebt und mitgestaltet. Wir hatten bereits viele Trends und Buzzwords kommen und wieder gehen sehen. An diesem Morgen waren wir daher neugierig, aber auch etwas skeptisch. Jetzt also „New Work"?

Wie sich herausstellte, standen gar nicht die Buzzwords im Vordergrund, die oft mit New Work in Verbindung gebracht werden. Die Fragen, die diskutiert wurden, gingen sehr viel tiefer: Wie können wir uns organisieren, um der wachsenden Komplexität und Geschwindigkeit im Markt gerecht zu werden? Wie können wir uns mehr auf unsere Kunden konzentrieren, anstatt uns in interner Machtpolitik zu verstricken? Wie können wir uns anpassen, ohne gleich umzustrukturieren oder die Führung auszutauschen?

Diese Fragen brachten an jenem Morgen die Menschen zusammen, denn hinter ihnen lagen ähnliche Erfahrungen. Auch wenn SAP als Arbeitgeber viele Freiräume ermöglichte, hatten in den letzten Jahren häufige Reorganisationen und Führungswechsel ihr Vertrauen in die formale Hierarchie auf eine harte Probe gestellt. Ein Teilnehmer sagte: „Ich weiß gar nicht mehr, in welchem Vorstandsbereich unsere Abteilung gerade angesiedelt ist." Eine Kollegin ergänzte. „Ich hatte im letzten Jahr vier verschiedene Vorgesetzte." Und ein dritter sagte: „Ich verbringe jede Woche einen ganzen Tag damit, Berichte zu schreiben, die keiner liest."

Warnsignale

So wie unseren Kolleg:innen bei SAP geht es heute vielen Mitarbeitenden in großen und kleinen Unternehmen. Ablesen lässt sich ihre Frustration am *Engagement Index* des *Gallup Instituts*: Lediglich 15 Prozent der Beschäftigten bekunden eine hohe emotionale Bindung an ihr Unternehmen, 16 Prozent haben bereits innerlich gekündigt und 69 Prozent erledigen nur noch Dienst nach Vorschrift. Viele Beschäftigte sind jedoch nicht nur unzufrieden, sondern auch gesundheitlich gefährdet. Zwei Drittel der Mitarbeitenden empfinden mehr Stress am Arbeitsplatz als noch vor fünf Jahren, wie eine Befragung der Organisationsberatung *Korn Ferry* von 2019 zeigt. Dabei ist die reine Menge an Arbeit der geringste Stressor (12 Prozent). 80 Prozent hingegen erleben insbesondere Umstrukturierungen und Führungswechsel als zunehmende Belastung.

Auch aufseiten der Unternehmen gibt es unübersehbare Warnsignale. Die Halbwertszeit großer Organisationen schrumpft, denn für starre Organisationen wird es immer schwieriger, sich in dynamischen Märkten zu behaupten. Lag die durchschnittliche Zugehörigkeit zum S&P 500 – dem Index der 500 wertvollsten US-Unternehmen – 1970 noch bei 35 Jahren, liegt sie inzwischen nur noch bei 15 Jahren. Fazit: Wenn man als Organisation überleben will, muss man sich immer schneller und grundlegender anpassen.

Angesichts der Dynamik und wachsender Komplexität – welche durch die COVID-19 Pandemie verstärkt werden – haben starre Hierarchien und die klassische Fokussierung auf Planung und Kontrolle ausgedient. Aber was kommt stattdessen? Wie wollen wir künftig arbeiten? Wie viel Freiheit verträgt, wie viel formale Struktur braucht eine Organisation? Und wie kann sie das eine schaffen, ohne sich vom anderen lähmen zu lassen? Mit anderen Worten: Wie finden wir die richtige Balance im Spannungsfeld zwischen **Hierarchie** und **Selbstorganisation**?

Eine Bewegung entsteht

Aus dem einmaligen Treffen beim „New Work Breakfast" wurden regelmäßige monatliche Meetings, zu denen immer mehr Kolleg:innen kamen, um sich über inspirierende Erfolgsgeschichten oder missglückte Experimente auszutauschen. Mit der Teilnehmerzahl wuchs die Hoffnung, nicht nur Erfahrungen zu teilen, sondern nachhaltig etwas zu verändern.

Heute ist aus dem Saatkorn der Frühstückstreffen eine lebendige Initiative mit über 3000 SAP-lern gewachsen. New Work Breakfasts finden nun von Paris über Prag bis Manila (und natürlich virtuell) weltweit statt. Der SAP-Vorstand hat das Potenzial dieser Bewegung erkannt und das „New Work Movement" zum Teil der offiziellen Unternehmensstrategie gemacht. Ganze Abteilungen und Bereiche haben sich der Bewegung angeschlossen und experimentieren mit verstärkter Selbstorganisation. Sie führen verteilte Führung ein, treffen Entscheidungen partizipativer und bilden autonomere Teams. Wir nennen diese Teams **Expeditionen**, weil sie sich auf unbekanntes Terrain wagen. Mittlerweile sind etwa drei Prozent der SAP-Belegschaft auf dem Weg zu mehr Selbstorganisation. Die New Work Community lebt dabei den Aspekt der Selbstorganisation selbst vor: Es handelt sich um eine reine Netzwerkstruktur ohne eine designierte Führungskraft, ohne weitere formelle Rollen und ohne eigene OrgID.

Eine dieser Pionierorganisationen ist unsere eigene Abteilung für Führungskräfte, Personal- und Organisationsentwicklung bei SAP. Das heißt: Wir, die Autoren, erleben selbst, was es bedeutet, Macht abzugeben und Führung breiter zu verteilen. Auch coachen wir mittlerweile andere Unternehmenseinheiten, die sich auf dem Weg befinden, und leiten ein kleines Team, das die Community koordiniert und die Verbindung in die formale Organisation hält.

Was wir in den Expeditionen beobachten, macht uns Mut: Zwar sinken in den ersten Monaten zentrale Indikatoren wie das Vertrauen in die Führung und das Engagement der Mitarbeiter. Das allerdings ist nicht überraschend, denn Veränderungen kosten stets Kraft und sorgen für Verunsicherung. Doch nach einem halben Jahr steigen Engagement und Mitarbeiterbindung wieder an, um sich dann auf einem signifikant höheren Niveau als vorher einzupendeln. Mit anderen Worten: Mehr Selbstorganisation lohnt sich spürbar – fürs Unternehmen, für die gesamte Belegschaft, aber auch für jeden Einzelnen. Eine wichtige Beobachtung dabei ist: Selbstorganisation organisiert sich nicht von selbst. Im Gegenteil, sie braucht viel Führung. Nur eben ganz anders als gewohnt.

Darum geht es in diesem Buch. Wir müssen Hierarchien nicht abschaffen, denn funktionierende Organisationen kommen ohne sie nicht aus. Aber wir müssen lernen, sie neu zu denken – und uns und unsere Rolle(n) gleich mit.

Widersprüche

Wie wirkmächtig die vermeintlich alten Denk- und Organisationsmuster bis heute sind, wurde uns ausgerechnet auf einer New-Work-Konferenz verdeutlicht. Die *Work Awesome*, die im November 2019 in Berlin stattfand, gilt als eine der zentralen Konferenzen im deutschsprachigen Raum zur Zukunft der Arbeit. Zu dieser Konferenz lud man Daniel ein. Er sollte über unsere Erfahrungen mit Selbstorganisation bei SAP sprechen. Er schlug daraufhin vor, lieber Lennart die Bühne zu überlassen, der in Daniels Abteilung das Team leitete, welches für Organisationsentwicklung und das *New Work Movement* verantwortlich war. Sicherlich hatte Daniel als Abteilungsleiter eine wichtige Rolle in der übergeordneten Verantwortung, aber es war Lennart, der hautnah aus dem Selbstorganisations-Alltag berichten konnte.

Die Konferenzleitung aber hielt das für keine gute Idee. Daniel stehe hierarchisch höher und trage als Abteilungsleiter und Vice

President den eindrucksvolleren Titel, lautete die Begründung. Die Podiumsdiskussion, so das Argument, würde durch ihn attraktiver und glaubwürdiger. Wir konnten es kaum glauben: eine Konferenz zur Zukunft der Arbeit, eine Podiumsdiskussion über die Grenzen der Hierarchie – und was zählt, sind Rang und Titel? Erst nach unserem Hinweis auf diesen Widerspruch lenkte die Konferenzleitung ein.

Auf der Konferenz teilte Lennart dann diese kurze Anekdote – und stach damit offensichtlich in ein Wespennest. Nach der Podiumsdiskussion berichteten etliche Konferenzbesucher von ganz ähnlichen Mustern in ihren Organisationen: Auf der Bühne werde von **Agilität** und Selbstorganisation gesprochen, doch hinter den Kulissen prägten die alten Glaubenssätze das Geschehen.

Nachdenklich machten wir uns auf den Heimweg. Brauchen wir, so fragten wir uns, vielleicht eher eine tief greifende Auseinandersetzung mit unseren Grundannahmen, anstatt einfach immer nur das nächste Organisationsmodell aufzusetzen oder die neueste Methode auszuprobieren? Aus der Organisationspsychologie wissen wir, wie mächtig die **Bilder** und **Annahmen** sind, die unser Denken und Handeln prägen. Wer Organisationen und ihre Akteure erreichen will, muss daher zunächst die Paradigmen angehen, die uns unbewusst steuern.

Glaubenssätze und innere Bilder

Wenn die Notwendigkeit der inneren Transformation unterschätzt wird, kratzen New-Work-Initiativen und agile Methoden nur an der Oberfläche. Der Vorstand schwärmt von Netzwerken und Schwarmorganisationen, doch wenig später flattert die Ankündigung der nächsten Top-down-Reorganisation ins Postfach. Die Bedeutung von Teamarbeit wird betont, aber noch lieber werden heldenhafte Führungsidole gefeiert. Vertrauen wird überall groß geschrieben, während unverändert viel Zeit und Energie in Kontrolle investiert wird.

In Organisationen wird das Denken und Handeln noch immer von zentralen Annahmen und Glaubenssätzen des **Taylorismus**, der Hierarchie und der Bürokratie geprägt. Diese zu überwinden ist ein Kraftakt. Man muss es mit Egos, mit Identitäten und mit

Emotionen aufnehmen. Aber wenn wir uns trauen, hier anzusetzen, können wir wirklich etwas verändern.

Wenn wir mehr Selbstorganisation wagen, begeben wir uns auf eine Expedition durch unbekanntes, raues, teilweise feindliches Terrain. Wir müssen enorme Schwierigkeiten überwinden und Vorstellungen hinter uns lassen, die unser (Arbeits-)Leben bisher geprägt haben. Damit wir uns dennoch auf den Weg machen können, brauchen wir ein Bild davon, was uns am Ende der Anstrengungen erwartet. Dafür gibt es dieses Buch. Wir haben es verfasst, um allen, die wie wir mehr Selbstorganisation wagen wollen, Mut zu machen und Wege aufzuzeigen.

In diesem Buch teilen wir unsere persönlichen Erfahrungen als Organisationsgestalter bei SAP, Deutscher Telekom und Siemens. Dass unsere Beispiele vorrangig aus der IT- und Softwareindustrie stammen, liegt nicht nur daran, dass wir diese Branche besonders gut kennen. Vielmehr ist diese Branche auch oft Vorreiter für neue Ansätze. Außerdem wird ihre Bedeutung im Digitalisierungszeitalter ohnehin immer größer.

Wir haben erkundet, was Wissenschaft und Experten zu den Selbstbildern und Hierarchien zu sagen haben, die bisher vorherrschten.* Und wir skizzieren Faktoren, die für den Weg zu mehr Selbstorganisation erfolgsentscheidend sein können. In *fünf Abschnitten (Teilen)* bewegen wir uns in diesem Buch von den Grundlagen hin zu einer konkreten Wegbestimmung.

Teil 1: Basecamp

Wir legen den Standort fest und lernen die Umgebung mit ihren Potenzialen und Risiken kennen. Wir tauchen ein in das Spannungsfeld zwischen Hierarchie und Selbstorganisation: Wie funktioniert Selbstorganisation überhaupt? Was macht den Übergang zu selbstbestimmtem Arbeiten so spannend – und was macht ihn so herausfordernd? Was müssen wir in Organisationen hinter uns lassen, wenn wir vorankommen wollen?

---

* Alle Quellen sind nach Kapitel sortiert am Ende des Buches aufgeführt – dort findet sich auch ein Glossar für Kernbegriffe.

Teil 2–4: Entdeckung

Unsere Reise führt uns auf unterschiedlichen Ebenen durch Organisationen. Wo liegen die Grenzen unserer bisherigen Paradigmen? Wie kann es aussehen, wenn wir Organisationen neu denken und neue Wege einschlagen? Diese Fragen untersuchen wir auf den Ebenen der Organisation (Teil 2), auf Führungs- und Teamebene (Teil 3) sowie auf der individuellen Ebene (Teil 4).

Teil 5: Expeditionen

Für alle, die sich selbst auf den Weg machen wollen: Welche Prinzipien helfen, sicher zu navigieren? Was bringt Pioniere weiter, was wirft sie zurück?

Klar ist: So steinig der Pfad auch sein mag, der vor uns liegt, so lohnend ist doch das Ziel. Machen wir uns also auf den Weg. Denn auch die größte Veränderung beginnt mitunter mit einem schlichten Frühstück.

Teil 1

Unlearning Hierarchy

Erfolgreiche Expeditionen in das Terrain zwischen den Polen Hierarchie und Selbstorganisation sind entscheidend für die Zukunft von Organisationen. Die Bedingungen sind dabei durchaus anspruchsvoll: Missverständnisse versperren den Weg und grobe Vereinfachungen führen leicht in die verkehrte Richtung. Es ist dabei essenziell, sich mit dem Spannungsfeld zwischen diesen Polen auseinanderzusetzen: Was bedeuten diese zentralen Begrifflichkeiten eigentlich? Kann es das eine ohne das andere geben? Ist Selbstorganisation komplett hierarchiefrei? Um einen guten Weg zu finden, ist es wichtig, sich tiefergehend mit den Chancen und Grenzen von Hierarchie und Selbstorganisation auseinanderzusetzen (Kapitel 1). Anschließend drängt sich die Frage auf: Wenn dieser Übergang doch so vielversprechend ist, warum kommen wir nur langsam voran? Was hält uns zurück und warum fällt es uns so schwer, loszulassen (Kapitel 2)?

Kapitel 1

Zwischen Hierarchie und Selbstorganisation

„Selbstorganisation ist kein überraschendes, neues Merkmal in der Welt. So arbeiten wir üblicherweise – bis wir den Prozess unterbrechen, um zu versuchen, uns gegenseitig zu kontrollieren."
Margret J. Wheatley

Vor etwa 200 Jahren entstand die *Cosa Nostra* – die sizilianische Mafia, bis heute eine der mächtigsten Verbrecherorganisationen der Welt. Die Struktur der Cosa Nostra ist streng hierarchisch: Ganz unten stehen die „Uomini d'Onore", die „Ehrenmänner". Über ihnen stehen die „Capodecina", die „Chefs von zehn". Rund fünf solcher Zehnergruppen bilden eine „Cosca", eine Familie, die jedoch nicht zwingend aus Verwandten besteht. Jede Cosca kontrolliert ein Gebiet, etwa ein Stadtviertel oder ein Dorf. Jeweils drei Cosche (Familien) bestimmen einen „Capo Mandamento", der sie in der Provinzkommission vertritt. An der Spitze der Organisation steht die „Cupola", die Kuppel, also das Oberkommando. Diese Struktur hat sich in 200 Jahren kaum verändert. Auch die Machtverhältnisse sind zementiert wie in kaum einer anderen Organisation. Zwar wird ein väterlich-fürsorglicher Umgang zwischen Boss und Untergebenen gepflegt, doch schon die kleinste Geste des Ungehorsams kann mit dem Tod enden.

Mit dieser Organisationsform und Führungskultur ist das organisierte Verbrechen enorm erfolgreich. Die staatliche Antimafia-Behörde schätzt den Umsatz der Mafia in Italien im Jahr 2010 auf 100 Milliarden Euro – etwa doppelt so viel wie im selben Zeitraum der Autokonzern Fiat erwirtschaftete.

Sollte man also die Mafia kopieren, um effektive Organisationen zu schaffen? Natürlich nicht. Das organisierte Verbrechen ist aus vielen offensichtlichen Gründen kein hilfreiches Vorbild. Aber das Beispiel zeigt dennoch eindrucksvoll: Hierarchien sind durchaus ein Erfolgsmodell. Als Organisationsform haben sie nicht grundsätzlich ausgedient, sondern können sich auch heute noch behaupten. Das gilt nicht nur für das organisierte Verbrechen, sondern auch darüber hinaus, jenseits hierarchietypischer Bereiche wie der organisierten Kriminalität, der Kirche oder dem Militär. Was genau aber ist eine Hierarchie und welchen Nutzen erfüllt sie auch heute noch in so vielen Organisationen?

Eine Hierarchie (engl. „Hierarchy") ist laut Duden eine „[pyramidenförmige] Rangfolge, Rangordnung". Wir verstehen Hierarchie in diesem Buch darüber hinaus stellvertretend als Überbegriff für das statische Verständnis von Organisationen: eine festgeschriebene Rangordnung, von oben nach unten gesteuert, geprägt durch Kontrolle und Machtgefälle.

Wichtig ist an dieser Stelle folgende Feststellung: Es gibt keine hierarchiefreien Organisationen, denn Hierarchien sind etwas Natürliches. Evolutionspsychologen gehen davon aus, dass Menschen sozusagen vorprogrammiert sind, Hierarchien zu bilden, ähnlich wie Schimpansen und Wölfe und praktisch alle anderen in Gruppen lebenden Tiere. Menschen haben eine natürliche Tendenz, sich unter- beziehungsweise überzuordnen, also entweder anderen zu folgen und ihnen Verantwortung und Macht zuzusprechen oder selbst nach dieser Führungsposition zu greifen. Wo soziale Interaktionen stattfinden, wird Macht ausgeübt. Einzelne haben mehr Einfluss, übernehmen mehr Verantwortung, treffen zentrale Entscheidungen. Auch wenn eine Gruppe von Menschen isoliert auf einer einsamen Insel aufwüchse, ohne Sozialisation und ohne Einflüsse von außen – sie würde höchstwahrscheinlich soziale Rangordnungen herausbilden.

Heißt das, dass die heutigen bürokratischen, formalhierarchischen Organisationen der Natur des Menschen entsprechen? *Nein.* Es bedeutet aber, dass Machtgefälle und Hierarchien aus natürlichen sozialen Prozessen entstehen und wir sie daher nicht verteufeln oder tabuisieren sollten. Auch die Organisationsforschung zeigt eindeutig: Wir können formale Hierarchien auflösen, aber natürliche, informelle Hierarchien werden dennoch entstehen. Ob wir es wollen oder nicht.

Funktionen von Hierarchien

Hierarchien erfüllen nützliche soziale und wirtschaftliche Funktionen. Die enormen Produktivitätszuwächse unseres Wirtschaftssystems seit Beginn der Industrialisierung wären ohne eine Vereinfachung und Strukturierung der Zusammenarbeit durch Hierarchie, Formalisierung und zentrale Steuerung nicht möglich gewesen. Organigramme und Berichtslinien geben Klarheit in Beziehungen und Verantwortlichkeiten: Es ist transparent, wer wo hingehört, wer auf wen hören muss und wer wofür verantwortlich ist. Formalisierte Hierarchien bieten zudem bessere Chancen, Willkür und Machtmissbrauch zu verhindern als die informelle Hierarchie, die sich aus dem darwinistischen Recht des Stärkeren ergibt.

Natürlich haben Hierarchien sehr viel mit Macht zu tun. Macht zu haben bedeutet, das Denken und Handeln anderer zu beeinflussen und dadurch ihre Möglichkeiten beziehungsweise Freiheitsgrade einzuschränken. Wenn jemand unter dem Einfluss von Macht steht, ordnet er sich unter. Hierarchien signalisieren, wer formale Autorität hat, wer über welche begrenzten Ressourcen verfügt, wer Entscheidungen trifft – und wer all dies nicht tun kann.

Auf einem Markt voller Möglichkeiten, aber begrenzter Ressourcen ist eine zentrale Funktion von Führung, Prozesse zu fokussieren. Entlang einer hierarchischen Struktur ist es möglich, das Handeln vieler Menschen im Sinne der Organisation zu koordinieren – standardisiert und skalierbar. Es muss nicht immer von Neuem ausgehandelt werden, wer Führung übernimmt. Die Organisation bleibt dadurch auch unter Zeitdruck eher handlungsfähig. Wirtschaftlich auf den Punkt gebracht: Formale Hierarchien reduzieren im Idealfall Transaktions- und Opportunitätskosten und schaffen Skaleneffekte. In Kontexten mit hoher Standardisierung und vielen Routineaufgaben sind formelle, standardisierte Lösungen deshalb weiterhin der passende Ansatz. Hier wird die Trennung von Denken und Handeln, die durch die Hierarchie betont wird, nicht zum Problem. Wo in erster Linie Salat gepflückt wird oder LKWs gefahren werden, spricht wenig gegen traditionelle Organisationsprinzipien.

Grenzen von Hierarchien

Wenn also Hierarchien natürlich sind, so viele nützliche soziale Funktionen erfüllen und Kosten reduzieren können, wo liegt dann das Problem? Die Herausforderung der Zukunft besteht darin, dass die nützlichen Funktionen eine immer geringere Rolle für den Erfolg von Organisationen spielen, während die negativen Nebeneffekte Überhand nehmen.

In der Vergangenheit waren vor allem Effizienz- und Produktivitätsvorteile entscheidend dafür, um am Markt erfolgreich zu sein. Das Ziel war primär, die Grenzkosten zu verringern, also die Kosten für die Produktion eines weiteren Produktes oder einer Dienstleistung zu senken. Durch die Digitalisierung schrumpfen aber die Grenzkosten: Es kostet zum Beispiel kaum noch etwas, einen weiteren Nutzer auf einer digitalen Plattform einzubinden. Instagram wurde 2012 von Facebook für eine Milliarde USD gekauft und hatte zu diesem Zeitpunkt ganze 13 Mitarbeiter. Auch werden Routineaufgaben immer stärker automatisiert. In der Vergangenheit betraf dies vor allem Produktionsprozesse im Rahmen der Mechanisierung – heute greift künstliche Intelligenz immer tiefer in unsere Wertschöpfungsprozesse ein und ersetzt beispielsweise bereits anspruchsvolle Übersetzungsarbeit. Laufende Kosten: nahe null.

In der Konkurrenz zwischen Unternehmen spielt deshalb in vielen Branchen die Steigerung der Effizienz eine immer geringere Rolle als entscheidender Wettbewerbsvorteil. Stattdessen werden komplexe Wissensarbeit, Kreativität und Innovationen immer wichtiger. Je unvorhersehbarer und vielfältiger der Kontext, desto eher braucht es dynamische, anpassungsfähige Organisationen. Die klassische Linienorganisation mit direktiver Führung aber kann diese Anpassungsfähigkeit kaum noch leisten.

Hinzu kommt, dass sich die Erwartungen der Menschen an ihre Arbeit verändern. Finanzielle Anreize alleine reichen kaum noch aus, um die besten Talente zu binden. Die beliebtesten Arbeitgeber sind nicht mehr zwangsläufig die, die am besten bezahlen. Es sind die, die gut zahlen, aber darüber hinaus ihren Beschäftigten sinnhafte Tätigkeiten, Vertrauen und Flexibilität anbieten. Ebenfalls steigt die Bedeutung von Gesundheit und Work-Life-Integration. Die Belastung im Job ist in den letzten Jahrzehnten kontinuierlich gestiegen. Psychische Erkrankungen sind mittlerweile die Hauptursache für Arbeitsunfähigkeit, der Anteil an Burn-out-Diagnosen an allen Krankschreibungen hat sich im letzten Jahrzehnt verdoppelt.

Diese Fakten senden klare Signale. Am deutlichsten aber werden die Grenzen der hierarchischen Führungsprinzipien für uns spürbar, wenn wir mit den Menschen sprechen, die in großen Organisationen arbeiten. Sie sind zunehmend desillusioniert, enttäuscht und müde. Umstrukturierungen, Führungswechsel und Strategiekampagnen fühlen sich für sie an wie ein dysfunktionales Schauspiel. Was heute mit großer Dringlichkeit in die Organisation getragen wird, ist wenige Monate später oft schon wieder überholt. Die Veränderungsgeschwindigkeit an der Oberfläche ist zu hoch, als dass Kopf und Herzen noch mitgehen könnten. Gleichzeitig ändert sich in der Tiefe wenig. Die Frage reift: Geht das nicht anders?

Wie geht Selbstorganisation?

Wie ist es möglich, Komplexität und Dynamik mitzudenken in der Gestaltung der Organisation, anstatt regelmäßig davon durchgeschüttelt zu werden? Eine wesentliche Antwort auf diese Frage geben uns die **Prinzipien** der Selbstorganisation.

In der Systemtheorie bezeichnet Selbstorganisation die spontane (also nicht zentral gesteuerte) Entstehung von *Ordnung* in komplexen Systemen. Der beliebte YouTube-Kanal *kurzgesagt* illustriert dies am Beispiel des kollektiven Verhaltens von Ameisen: Eine einzelne Ameise ist nicht gerade intelligent und handelt nicht planvoll. Aber viele Ameisen zusammen schaffen komplexe Kolonien, die auf Veränderungen in der Umwelt reagieren und sogar Kriege führen können. Die einzelnen Ameisen übernehmen unterschiedliche Rollen: Arbeiter, Brutpfleger, Soldaten und Sammler. Sie kommunizieren untereinander durch den Ausstoß von Pheromonen und teilen so mit, welcher Aufgabe sie nachgehen.

Wenn nun ein Ameisenbär viele Sammlerinnen frisst, droht der Kolonie eine Hungersnot. Es gibt keine zentrale Kontrolleinheit, die diese Schieflage in der Rollenverteilung der Kolonie feststellt und korrigiert. Die Königin erteilt keine Anweisungen, auch wenn ihr Titel das anzudeuten scheint. Aber die Ordnung wird auch so wiederhergestellt: Wenn die Ameisen merken, dass sie schon lange keine Sammlerinnen mehr getroffen haben, fangen sie an, diese Rolle zu übernehmen. Mit der Zeit wird das Gleichgewicht wiederhergestellt. Das kollektive Verhalten der Ameisen ist **emergent**, d.h., es entsteht aus dem Zusammenwirken der Einzelteile ohne externe Kontrolle. Das Ganze ist mehr als die Summe seiner Einzelteile.

Überträgt man dieses natürliche Phänomen auf Organisationen, ist die Definition des Beraters Andreas Zeuch hilfreich: Er versteht Selbstorganisation als „Entscheidungsprozesse und damit verbundene Strukturen (Organisationsmodelle) sowie Methoden, bei denen die Entscheidungen dezentral, ohne formalhierarchische Wege dort getroffen werden, wo sie anfallen." Wie sieht so etwas aus? Ein prägnantes Beispiel ist *Buurtzorg*, das durch die Beschreibung seiner Prinzipien in *Reinventing Organizations* von Frederick Laloux berühmt wurde. Buurtzorg ist ein niederländisches Pflegeunternehmen, in dem mittlerweile 11 000 Mitarbeiter in einem Netzwerk aus 900 Teams agieren. Im Kern funktioniert das so: Jede Gruppe von bis zu 12 Pfleger:innen betreut ein bestimmtes Gebiet wie etwa ein Wohnviertel. Dabei übernimmt das Team („Zelle" genannt) die volle Verantwortung für alle wesentlichen Prozesse: die Pflege, die Planung, die Mitarbeiterentwicklung, den Einkauf von Medikamenten, die Auswahl neuer Kolleginnen und Kollegen. Koordiniert wird dies durch eine Zentrale mit nur 50 Mitarbeitenden, die weniger als 0,5 Prozent der Belegschaft ausmachen. Das Ganze wird ergänzt durch Coaches, welche die Zellen bei Herausforderungen unterstützen. Darüber hinaus vernetzen sich die Teams digital. Es hat sich gezeigt, dass dieser Ansatz in allen relevanten Dimensionen anderen Pflegeunternehmen überlegen ist. Für die Mitarbeiter (höhere Zufriedenheit, geringere Fluktuation), für die Klienten (schnellere Genesung, höhere Zufriedenheit) und auch wirtschaftlich (67 Prozent geringere Verwaltungskosten).

Eine verbreitete Annahme ist, dass Selbstorganisation nur in kleinen Organisationen und Gruppen möglich sei. Der Vorwurf lautet: „Das skaliert doch nicht! Am Ende muss einer sagen, wo es langgeht, sonst dauert das alles zu lange und wir verlieren uns. Sobald eine Organisation eine bestimmte Größe erreicht hat, wenn wir also skalieren wollen, brauchen wir formelle Hierarchie." Selbstorganisierte Strukturen können jedoch genauso skaliert werden wie eine klassisch formale Hierarchie. Das lässt sich am Beispiel der *Anonymen Alkoholiker* (AA; engl. Alcoholics Anonymous) beobachten. AA ist eine bekannte internationale Organisation zur gegenseitigen Unterstützung von Menschen mit Alkoholerkrankung beziehungsweise -abhängigkeit. Was die christlich-spirituell geprägten Praktiken angeht, mag man unterschiedlicher Ansichten sein. Aber was die Eleganz und Skalierung der Selbstorganisation angeht, ist es ein beeindruckendes Beispiel: Im Jahr 2020 zählte AA 2,1 Millionen Mitglieder.

Die primären organisationalen Einheiten sind unabhängige lokale Gruppen. Sie veranstalten vorwiegend wöchentliche, selbst geführte Therapiesitzungen. Dabei unterliegen die Gruppen ausdrücklich keinerlei äußerer Steuerung oder zentralen Autorität. Alle Mitglieder sind gleichwertig, es gibt keine Mitgliedschaftsbeiträge, keinen Besitz, keine externe Finanzierung. Die Kosten werden gedeckt über freiwillige individuelle Spenden, die 3000 USD pro Spender jährlich nicht überschreiten dürfen. Niemand verdient mit dieser Organisation viel Geld und keine Einzelperson oder Gruppe hat die Macht, sie zentral zu steuern. AA hat nicht nur eine hohe Reichweite, sondern auch eine erstaunliche Stabilität und Widerstandskraft. Die Organisation konnte sich immer wieder neu erfinden und weiterentwickeln. Die Organisationsform wird durch die Gründer auch mit dem Begriff der „freundlichen Anarchie" (*benign anarchy*) beschrieben.

Keine Willkür

Ebenso wie Hierarchien bildet sich auch Selbstorganisation natürlicherweise von selbst heraus. Die beiden sind keine Gegensätze, sondern parallel existierende Phänomene, die unterschiedlich stark wirken, je nachdem, welche Prinzipien die Organisation prägen. „Selbstorganisationen können wir nicht einführen, wir können sie nur verhindern" sagt der Autor und Berater Lars Vollmer. Die Rahmenbedingungen stehen diesem Prozess entweder im Wege oder sie fördern ihn. Hermann Haken, der renommierte Physiker und Begründer der Synergetik (der Lehre vom Zusammenwirken von Teilen in komplexen Systemen) sieht darin sogar die zentrale Aufgabe des Managements:

> *„Management, wie wir es verstehen, bedeutet das Gestalten von Bedingungen, die es einem System erlauben, selbstorganisierte Ordnungen zu erzeugen, zu erhalten und Ordnungsübergänge wirksam zu realisieren, mit anderen Worten: Schaffen von Bedingungen für die Möglichkeit der Selbstorganisation."*

Selbstorganisation bedeutet nicht: Abwesenheit von Struktur. Im Gegenteil: Selbstorganisation *braucht* Struktur – nur eine andere als in Hierarchien. Wie leicht Organisationen ohne klares Grundgerüst sich verlieren können, beschrieb die Feministin Jo Freeman 1970 in ihrem Essay *Die Tyrannei der Strukturlosigkeit*, in dem es um ihre Erfahrungen in einer Frauenbefreiungsgruppe geht. Freeman beschreibt, wie die Gruppe sich jeglicher Art von

Führung, Struktur und Arbeitsteilung widersetzte. Gleichzeitig entstanden starke informelle Hierarchien. Diese entwickelten sogar autoritäre Züge, wurden jedoch tabuisiert und entzogen sich damit der gemeinsamen Gestaltung. Eine vollständig informelle Selbstorganisation ohne Prozessstrukturen wird mit hoher Wahrscheinlichkeit nach hinten losgehen. Dann wird sie missverstanden als Willkür: Alle machen, was sie wollen.

Aus der Sicht traditionsbewusster, in Hierarchien denkender Manager:innen dürfte „Selbstorganisation" grundsätzlich nach dieser Form von Anarchie und Willkür klingen. Aber was auf den ersten Blick chaotisch aussehen mag, kann dennoch ein hochgradig geordnetes Ganzes sein. Erfolgreiche Selbstorganisation schafft Ordnungen und Muster, die sich an ihrem Umfeld ausrichten und ständig selbst regulieren. Das System ist robust, denn die Anpassung ist fester Bestandteil des Designs. Selbstorganisation und Emergenz können vermeintliche Widersprüche vereinbaren: anpassungsfähig und stabil, dezentral und skalierbar. Das geht nicht ohne gewisse Leitplanken, Strukturen und Prinzipien. Es gibt also Führung, Hierarchien und Formalitäten. Nur entstehen und wirken diese auf ganz andere Weise, als wir es gewohnt sind.

Autonomie, Empowerment, Selbst-Management: Es gibt zahlreiche Begriffe mit unterschiedlichen Konnotationen. Womit fängt es an? Im Kern mit der Verschiebung von Entscheidungsbefugnissen dorthin, wo die Entscheidungen fallen und wo die Wertschöpfung entsteht. Zu klären ist vor allem, welcher Entscheidungs- und Gestaltungsspielraum besteht. Denn wer entscheidet, hat Macht – sicherlich nicht alle Macht, aber wesentliche Anteile. Kann ich also wirklich (mit)entscheiden, woran ich arbeite und wie ich arbeite? Kann ich eigenständige Entscheidungen treffen und mich an dem orientieren, was der Kunde oder die Situation verlangt? Oder unterliege ich einer engen internen Planung und zentralen Steuerung und muss mich vor allem danach richten, was Vorgesetzte, Stellenprofil und Regeln von mir erwarten?

Dezentral

Selbstorganisation bedeutet **Dezentralisierung**: Die Anpassungsfähigkeit steigt, indem Macht und Führung stärker in der Peripherie verankert werden – also dort, wo die Organisation auf die Kunden und die Umwelt trifft. Denn die Reaktionsfähigkeit wird umso geringer, je mehr der Blick nach innen geht anstatt nach außen. Der berühmte Management-Guru Jack Welch sagte dazu einmal: „Die Hierarchie ist eine Organisationsform, die ihr Gesicht dem CEO zuwendet und ihren Hintern dem Kunden." In der Softwareentwicklung hat sich gezeigt, dass die zentrale Planung nach dem Wasserfallprinzip, also von oben nach unten, der Komplexität der meisten Projekte nicht gerecht wird. Das Resultat: unvorhersehbare Kosten, gerissene Zeitpläne und frustrierte Kund:innen und Mitarbeiter:innen. Um dem vorzubeugen, werden in der agilen Softwareentwicklung die Teams möglichst wenig von außen fremdgesteuert und entscheiden selbst, wie sie priorisieren und ihre Arbeit erledigen. Im „Agilen Manifest" – dem Fundament der agilen Softwareentwicklung – ist dieses zentrale Prinzip festgehalten: „Die besten Architekturen, Anforderungen und Entwürfe entstehen durch selbstorganisierte Teams."

Ausrichtung

Doch wer oder besser: Was gibt die Richtung vor? Woher weiß das Team, worauf es hinarbeiten soll? Das Kraftfeld, das uns in eine gemeinsame Richtung lenkt, ist der *gemeinsame Zweck*. Wofür sind wir da? Welchen Mehrwert leisten wir? Was ist unser gemeinsamer Auftrag jenseits der finanziellen Kennzahlen? Pfleger und Pflegerinnen bei *Buurtzorg* zum Beispiel sind nicht dazu da, möglichst viele Pflegedienstleistungen für maximalen Profit abzurechnen. Sie wollen die Menschen dazu befähigen, wieder ein gesundes und selbstständiges Leben zu führen. Sie wollen sich für ihre Klienten überflüssig machen. Das mag wirtschaftlich betrachtet wenig sinnvoll klingen. Doch diese Ausrichtung setzt klare Prioritäten, zum Beispiel hin zu einer stärker präventiven und ganzheitlichen Pflege. Auch bei den Anonymen Alkoholikern ist glasklar, worum es geht: „Unser Hauptzweck ist, nüchtern zu bleiben und anderen Alkoholikern zur Nüchternheit zu verhelfen." Der starke Fokus vermeidet Nebenschauplätze: AA kommt ohne politische Agenda, Spendensammlungen und bürokratische Auswucherungen aus.

Hohe Autonomie wirkt aber wie eine Zentrifuge: Die einzelnen Teile drohen auseinanderzudriften, je unabhängiger sie werden. Diese Fliehkräfte können allerdings gebändigt werden, wenn allen deutlich ist, wofür sie zusammenarbeiten. Eine klare Ausrichtung der Organisation auf das gemeinsame Ziel wirkt wie ein Magnet, der alles zusammenhält. Dabei muss es nicht zwingend um hehre moralische Ziele gehen. Selbstorganisation ist nicht per se positiv oder weltverbessernd. Um ein sehr drastisches Beispiel zu wählen: Auch viele Terrororganisationen agieren hochgradig selbstorganisiert und sind anpassungsfähig durch ihre Ausrichtung an einer gemeinsamen Vision, gepaart mit dezentraler Organisation. Selbstorganisation hat also für sich genommen keinen moralischen Aspekt.

Leitplanken

Was sorgt für Ordnung? Die Leitplanken der Arbeit entstehen durch **Prinzipien**. Im Gegensatz zu starren *Wenn-dann* Regeln helfen Prinzipien auch in komplexen Kontexten bei der Navigation. Sie umschreiben das *Wie*, anstatt genau vorzuschreiben, *was* zu tun oder zu unterlassen ist. Damit geben sie Orientierung, lassen aber gleichzeitig Raum für situatives Handeln im Kontext. Wenn ein Buurtzorg-Team auf über zwölf Pflegerinnen und Pfleger anwächst, soll es sich bald aufspalten, inklusive des Betreuungsbereichs. Dadurch bleibt der Koordinations- und Kommunikationsaufwand überschaubar und die Organisation als Netzwerk folgt einer einfachen Wachstumslogik. Es gibt aber keine Instanz in der Organisation, die daraus eine harte Regel macht und diese von außen überwacht. Es ist schlicht gute, gelebte Praxis.

Auch die Anonymen Alkoholiker funktionieren auf Basis weniger zentraler Organisationsprinzipien. Die vierte dieser zwölf sogenannten „Traditionen" besagt: „Jede Gruppe sollte selbstständig sein, außer in Dingen, die andere Gruppen oder die Gemeinschaft der AA als Ganzes angehen." Einerseits wird viel Autonomie eingeräumt, andererseits gibt es Grenzen. Aber was das genau bedeutet, hängt vom Kontext ab. Auch das „Agile Manifest" ist bewusst formuliert in Grundsätzen wie „Reagieren auf Veränderung mehr als das Befolgen eines Plans" mit der Erläuterung, dass Letzteres zwar wichtig ist, Ersteres aber wichtiger. So geben wir Orientierung, ohne zu glauben, jede Eventualität vorwegnehmen zu können.

Lernschleifen

Damit sich ein Team immer wieder der sich verändernden Umwelt anpasst, braucht es häufige Rückkopplungsschleifen, eine hohe Kommunikationsdichte und Transparenz. Am Beispiel der Ameisen wird es gut sichtbar: Nur weil sie (durch Pheromone) permanent mitteilen, welche Rolle sie gerade ausfüllen, können andere überhaupt reagieren, wenn eine Anpassung notwendig wird. Wenn in der Peripherie der Organisation schnelle Entscheidungen fallen sollen, braucht man dort Zugang zu den relevanten Informationen. Herrscht hingegen eine hohe Informationsasymmetrie – zum Beispiel weil Informationen über den Kunden, über bevorstehende Strategiewechsel, Budgetkürzungen, neue Produkte etc. fehlen –, ist es schwer, sich auf Impulse von außen einzustellen.

Darüber hinaus hilft der regelmäßige Austausch über grundsätzlichere Fragen: Wo stehen wir? Was läuft gut? Was können wir besser machen? Diese Zwecke erfüllen zum Beispiel die ritualisierten, eng getakteten Kommunikationsprozesse agiler Methoden wie **Scrum**: tägliche Stand-ups, gemeinsame Sprint-Planung für kurze, iterative Zyklen sowie regelmäßige Retrospektiven. Hier werden im Idealfall sehr regelmäßig die Zahlen, Daten und Fakten auf den Tisch gelegt, aber es entsteht auch Raum für Visionen und Intuitionen. Das sind die Grundpfeiler eines schnell lernenden Systems.

Gerüst

Im Rahmen des *New Work Movement*, unseres Netzwerks innerhalb der SAP, sind wir selbst in die Falle der Strukturlosigkeit getappt. Unser Wunsch war zunächst, möglichst wenig Leitplanken, Strukturen und Prozesse festzulegen. Wir wollten ein deutliches Gegenbeispiel sein zur formalen Hierarchie: die pure Selbstorganisation. Doch mit zunehmender Größe der Community wurde es für die Mitglieder immer schwieriger, die vielen Projekte, Themen und Menschen zu überblicken und sich auf gemeinsame Ziele auszurichten. Wir erlebten „Verantwortungsdiffusion": Jeder fühlte sich für alles ein bisschen verantwortlich, aber niemand so richtig für etwas Bestimmtes. Unsere Events fanden nur dann zuverlässig statt, wenn die üblichen Verdächtigen, die das eben meistens machen, aktiv wurden. Von den anderen fühlte sich niemand verantwortlich.

Schritt für Schritt suchten wir uns einen Weg zurück in eine bessere Balance. Wir fingen an, Strukturen zu schaffen, aber nach den Prinzipien der Selbstorganisation: Wir führten einen intensiven Dialog, um unsere Identität, unsere Ziele und unsere Vision zu schärfen. Wir diskutierten und schrieben auf, wie genau jemand zum Mitglied wird, wie wir kommunizieren, wie wir Entscheidungen treffen, wie wir Teams (Kreise) gründen, wie wir Budgets verteilen. Wir schufen Prozess- und Kommunikationsstrukturen statt formal fixierter Machtstrukturen. Auf diese Weise konnte die Bewegung ihre Autonomie und Offenheit bewahren und gleichzeitig Hunderten von Mitgliedern, verteilt über die ganze Organisation, eine zielgerichtete Zusammenarbeit ermöglichen.

Konzernwelt

Was aber haben Ameisen, Krankenpfleger:innen und Alkoholiker:innen mit großen, komplexen Konzernen zu tun? Kann mehr Selbstorganisation auch hier – und zwar über Communities hinaus – einen spürbaren Unterschied schaffen?

Nicht für jeden Konzern ist es sinnvoll oder möglich, sich in einer radikal selbstorganisierte Zellstruktur aufzustellen, wie es Buurtzorg oder die Anonymen Alkoholiker praktizieren. Diese Organisationen können in ihren Einzelteilen viel unabhängiger agieren als zum Beispiel Siemens oder SAP, deren Projekte und Produkte von hohen gegenseitigen Abhängigkeiten geprägt sind. Hier braucht es eine passende Übersetzung in den jeweiligen Kontext.

In der deutschen Konzernwelt bietet die *ING* ein anschauliches Beispiel. Als erste Großbank stellte sie in den letzten Jahren ihre Organisation verstärkt auf Agilität und Selbstorganisation um. Von fünf Hierarchieebenen blieben drei. Interdisziplinäre Teams, sogenannte „Squads", übernehmen seither die ganzheitliche Verantwortung für ein Produkt oder eine bestimmte Dienstleistung wie zum Beispiel das Girokonto, ähnlich wie ein Team bei Buurtzorg ein Wohnviertel eigenverantwortlich versorgt. Die Transformation trägt Früchte, vor allem in Bezug auf die Digitalisierungsstrategie der Bank und die Zufriedenheit der Kunden. Die ING wurde durch das Wirtschaftsmagazin €uro zum 15. Mal in Folge als beliebteste Bank Deutschlands ausgezeichnet und auch für die Nutzerfreundlichkeit ihrer Banking-App gibt es Bestnoten.

2018 haben wir, die Autoren, angefangen, Selbstorganisation auch in unserer eigenen Abteilung innerhalb der SAP zu fördern. Als wir uns auf den Weg machten, waren wir – ein Bereich von insgesamt etwa 80 Personal- und Organisationsentwicklern – noch eher klassisch organisiert, also aufgeteilt in fachlich spezialisierte Teams. Ein strategisches Team entwickelte neue Ansätze, ein Design-Team gestaltete die geeigneten Angebote (zum Beispiel Entwicklungsprogramme für Führungskräfte), ein Trainings-Team setzte die Programme um und ein Admin-Team verwaltete. Ein eher **tayloristisches** Modell, angelehnt an ein Fließband: vorne die Strategie, hinten die Umsetzung. Die Teams wurden jeweils geführt von Vorgesetzten, die große Teile der Verantwortung trugen: inhaltliche und personelle Entscheidungen treffen, Ressourcen und Budgets verteilen und Mitarbeiter:innen entwickeln.

Nun hatte es in den Jahren zuvor häufige Wechsel in der Führung gegeben. Jedem Personalwechsel folgten Umstrukturierungen der Teams, eine neue Strategie und neue Programme. Das Ergebnis: Zahlreiche neue Initiativen wurden gestartet, aber sie konnten sich kaum etablieren und kontinuierlich weiterentwickeln. Die Fließband-Organisation machte es außerdem schwierig, das Feedback der Kunden in die Weiterentwicklung der Angebote einzubauen. Und die Führungskräfte waren das Zentrum unseres Universums: Wenn sie wechselten, wurde vieles hinterfragt und oft von vorne begonnen. Kurzum: Wir waren zu viel mit uns und unserer Hierarchie beschäftigt und zu weit

weg von unseren Kunden und der eigentlichen Wertschöpfung, für die wir primär zuständig waren.

Inspiriert durch den Austausch im New Work Movement und durch Beispiele wie Buurtzorg und ING begannen wir unsere eigene Expedition in die Selbstorganisation. Innerhalb von zwei Jahren konnten wir unsere Abteilung an neuen Prinzipien ausrichten. Wir schufen interdisziplinäre Teams, die ganzheitlich Verantwortung für einzelne Kundensegmente oder Themenbereiche übernahmen. Es entstanden zusätzliche Führungsrollen: *Experience Owner* (angelehnt an den Begriff des *Product Owners* aus der agilen Softwareentwicklung) übernahmen die Verantwortung auf der inhaltlichen Ebene, *People Leader* wurden zu Coaches für die Mitarbeiter. Entscheidungen etwa über die Verteilung von Budgets und Ressourcen wurden offener und gemeinschaftlicher getroffen. Auch der gesamte Prozess des Organisationsdesigns fand unter intensiver Beteiligung der Betroffenen statt. Manche der Änderungen führten wir nur auf Zeit ein, als Experimente, und entschieden erst anschließend auf Basis der gemeinsamen Erfahrung, ob wir sie dauerhaft beibehalten würden.

Nachdem die vielen offenen Fragen zunächst zu einiger Unsicherheit geführt hatten, besserte sich die Stimmung nach einigen Monaten deutlich. Unsere Zusammenarbeit war auf den ersten Blick komplexer, ja, aber sie war – scheinbar paradox – gerade wegen ihrer Beweglichkeit klarer und stabiler als zuvor. Unsere Angebote und Programme bekamen besseres Feedback, und wenn wir eine Stelle im Team ausschrieben, konnten wir uns vor Bewerbungen kaum retten. Unsere neue Arbeitsweise und insbesondere, wie wir den Weg dorthin gestaltet hatten, wurde zu einem positiven Beispiel für viele andere Teams innerhalb der SAP.

Wirksamkeit

Das Potenzial dieser selbstorganisierten Arbeitsweise lässt sich messen (wenn auch in Grenzen, siehe Kapitel 5). In unseren Pionierorganisationen bei SAP, zu denen unser Team gehört, waren schon nach sechs Monaten deutliche positive Effekte erkennbar: Die Mitarbeiter:innen sind motivierter und zufriedener (+2 Prozent), sehen eine klarere Verbindung ihrer Arbeit zu den Unternehmenszielen (+3,5 Prozent), fühlen sich besser eingebunden (+2,5 Prozent) und die Fluktuation sinkt (-3 Prozent).

Wer sich mit solchen Statistiken etwas auskennt, fragt sich vermutlich: Sind diese Effekte nur zufällig? Oder anderweitig erklärbar? Vielleicht beteiligen sich auch nur Abteilungen, die schon vorher auf einem guten Weg waren (Selektionseffekte)? Um dies auszuschließen, nutzten wir Zeitreihenanalysen. Dafür trugen wir alles zusammen, was wir über die Organisation und ihren Kontext wussten: Wie hat sich das Team in der Vergangenheit entwickelt, zum Beispiel bezüglich des Engagements und der Fluktuation der Mitarbeiter? Vielleicht gab es einfach einen positiven Trend, der sich fortsetzte? Wie hat sich die Situation der SAP insgesamt entwickelt? Ging es dem Konzern besser, so könnte dies die Zufriedenheit der Mitarbeiter positiv beeinflussen (oder umgekehrt). Wir fütterten unser Modell mit diesen Daten und trafen dann eine Vorhersage: Was wäre zu erwarten? Und wie hat es sich dann tatsächlich entwickelt? Zeigen sich systematische Abweichungen über eine längeren Zeitraum und viele Abteilungen hinweg, dann wissen wir: Das ist kein Zufall mehr oder anderweitig erklärbar. Es sind mit sehr hoher Wahrscheinlichkeit wirklich die neuen Arbeitsweisen, die diesen Effekt erzeugen.

Aber bedeutet eine Steigerung bei Engagement, Identifikation und anderen nicht finanziellen Kennzahlen, dass die Teams auch leistungsfähiger und wirtschaftlich erfolgreicher sind? Oder geht es „nur" den Menschen besser, während das Geschäft davon nicht profitiert (oder womöglich sogar darunter leidet)?

Es ist empirisch ausführlich belegt, dass hier ein genereller positiver Zusammenhang besteht. Engagierte Mitarbeiter leisten mehr, wie eine Meta-Analyse des Gallup Instituts von über 450 Studien mit 2,7 Millionen Teilnehmer:innen zeigt: Unternehmen mit hohem *Employee Engagement* sind unter anderem 23 Prozent profitabler, haben 41 Prozent weniger Produktionsfehler und 64 Prozent weniger Unfälle als solche mit niedrigem Engagement.

Auch bei SAP ist dieser Effekt nachweisbar. Von 2014 bis 2018 analysierte der Konzern den Zusammenhang zwischen finanziellen Kennzahlen (unter anderem Gewinn, Kundenbindung,

Profitabilität) und nicht finanziellen Kennzahlen (unter anderem Employee Engagement und Gesundheit). Dabei zeigte sich ein deutlicher Zusammenhang: Eine Steigerung des Gesundheitsindex („Business Health Culture Index") zum Beispiel um nur ein Prozent steigert den operativen Gewinn um 90 bis 100 Millionen Euro.

Auch die Pioniere innerhalb der SAP beobachten die Entwicklung der Zahlen in ihren Abteilungen und Teams genau. Eine Vertriebseinheit mit 250 Mitarbeiterinnen und Mitarbeitern hat dafür den Einfluss der Mitarbeiterbindung auf ihre Umsatzzahlen untersucht. Eine Verlängerung der durchschnittlichen Mitarbeiterbindung um einen Monat bedeutet eine jährliche Umsatzsteigerung von 3,4 Millionen Euro. Die Erklärung ist unmittelbar nachvollziehbar: Erfahrene Vertriebler:innen und etablierte Kolleg:innen generieren wesentlich höhere Umsätze. Wenn sie auch mit zunehmender Erfahrung motiviert sind, zu bleiben, hat das einen enormen wirtschaftlichen Effekt. Nicht nur auf der individuellen Ebene steigt die Leistung- und Anpassungsfähigkeit, sondern auch auf der kollektiven Ebene. Vereinfacht ausgedrückt bestätigen die Zahlen, was auch der gesunde Menschenverstand vermuten würde: Selbstorganisation steigert das Engagement und höheres Engagement macht Unternehmen erfolgreicher, denn es führt zu besseren Produkten oder Dienstleistungen und dadurch zu zufriedeneren Kunden.

Angry Birds

Angesichts des Potenzials der Selbstorganisation ist es verlockend, das verkrustete System einfach sprengen zu wollen. Nicht selten erschallt der Appell: „Hierarchien abschaffen! Endlich vertrauensvolle Zusammenarbeit – raus mit den störenden, machthungrigen Führungskräften!" Der Trubel rund um New Work und alternative Organisationsformen nimmt oft diesen aufmüpfigen Ton an. Manche Anhänger:innen dieser Bewegung entwickeln regelrecht Aversionen gegen jegliche Form von Struktur und Führung. Es erinnert an *Angry Birds*, eines der beliebtesten Handyspiele aller Zeiten: Der rote Vogel fliegt in hohem Bogen in das etablierte hierarchische Gerüst. Dort sitzen symbolträchtig die dicken Schweinchen, über deren Köpfen irgendwann alles zusammenbricht.

Die Enttäuschung und der Frust haben gute Gründe, wie wir gezeigt haben. Auch für uns sind diese Emotionen eine zuverlässige Kraftquelle, die uns zu unserer Arbeit am Thema und an diesem Buch antreibt. So haben auch wir uns zunächst als Systemsprenger verstanden. Mit Herzblut und idealistischem Eifer haben wir die Stimmen erhoben und den radikalen Wandel gefordert. Im Titel dieses Buchs, *Unlearning Hierarchy*, klingt diese rebellische Haltung noch mit.

Doch der wütende Vogelflug ins Gerüst, die vollständige Dekonstruktion der bestehenden Strukturen, schießt über das Ziel hinaus. Zunächst einmal: Es ist allein rechtlich nicht möglich, formal hierarchielose Organisationen abzubilden. Der aktuelle gesellschaftsrechtliche Rahmen sieht das nicht vor. Doch auch organisatorisch wäre es nicht die richtige Antwort. Selbstorganisation braucht viel Führung und auch Grenzen, Ordnung und sogar Macht. Die zentrale Frage ist also nicht „ob?", sondern „wo?" und „welcher Art?".

Was würde passieren, wenn wir einen kompletten Reset machten? Psychisch und systemisch wären die Menschen und Organisationen überfordert. Für den Übergang braucht es jedoch genau das Gegenteil von Überforderung und Verunsicherung. Man braucht Stabilität und Vertrauen. Wenn es nichts gibt, worauf man aufbauen kann, fehlt die Grundlage für eine gemeinsame Expedition. Idealismus und missionarischer Eifer schließen Türen, anstatt bei dem anzudocken, was vorhanden ist, um von dort aus Türen zu öffnen. Es geht nicht um richtig oder falsch, sondern um hybride Lösungen und Grautöne. Ein Spannungsfeld eben, keine Einbahnstraße.

Kapitel 2
Unlearning

„Alles, was ich je losgelassen habe, hat Krallenspuren.“
David Foster Wallace

250 Top Executives, 48 Stunden, eine leere Flugzeughalle. Keine Agenda, keine formellen Projektleiter – nur Material: unter anderem Werkzeug, Holz, Matten, Trennwände, Poster-Papier und Verpflegung: Kiloweise rohes Gemüse, Pasta, Kräuter. Dazu die nötige Infrastruktur: sanitäre Einrichtungen, Strom, Wasser. Dieser mutige Ansatz für einen „Leadership Summit" mit der obersten Führungsriege hat tatsächlich so stattgefunden. Auch wenn die Überschrift damals nicht „Selbstorganisation" gelautet hatte, so war eben dies das unterschwellige Ziel: zu schauen, was passiert, wenn eine Gruppe hoch qualifizierter Manager ohne klare Prozess- und Rollenvorgaben auf eine Mission geschickt wird.

Wir wollten durch dieses „Verlernen" zum neuen Denken anregen. Und wir wollten unsere Führungskräfte irritieren, indem sie nichts von dem gereicht bekamen, was sie eigentlich bei einem solchen Event erwarten: Vollverpflegung, eine vorstrukturierte Agenda, klare Anweisungen, was wann zu tun ist, und wie immer: den CEO auf der Bühne, der eine Motivationsansprache hält. Sie fanden nichts davon vor und mussten – relativ schnell, da die Uhr tickte – lernen, wie sie nun mit dieser ungewohnten Situation umgehen sollten, und zwar völlig unvorbereitet.

Das *Was* war dabei klar vorgegeben: Jeder sollte etwas zu essen bekommen und ein Bett zum Schlafen vorfinden. Abends sollte eine Party mit Band stattfinden und am nächsten Tag eine sogenannte „Unconference", ein offenes, dynamisches Lernformat, bestehend aus Beiträgen der Teilnehmer:innen.

Das *Wie* wurde dabei völlig offengelassen. Und so formierten sich nach anfänglicher Verblüffung, Ratlosigkeit und auch ein wenig Frustration, die sich in offener Kritik gegenüber dem Organisationsteam äußerte, Cluster und Unterteams, die sich um gemeinsam festgelegte Aufgaben kümmerten. Es bildeten sich Koordinations-, Umsetzungs- und auch informelle Führungsrollen heraus. Die negativen Emotionen wurden relativ schnell in eine positive Schaffensenergie umgemünzt und das Ergebnis ließ sich durchaus sehen: Das Abendessen schmeckte lecker, die Party samt Live-Band war fantastisch, die Workshops am nächsten Tag waren produktiv und inspirierend und die Stimmung über die zwei Tage ausgelassen und äußert positiv. Alleine die Schlafsituation auf den bereitgestellten Lazarett-

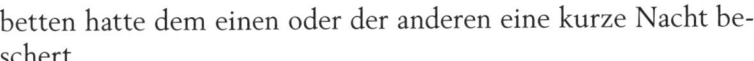

betten hatte dem einen oder der anderen eine kurze Nacht beschert.

Eine Geschichte zum Erfolg von Selbstorganisation? Vielleicht auch. Aber vor allem war es ein Vorgeschmack darauf, wie es sich anfühlt, sich von lange bewährten Gewohnheiten zu verabschieden. Die Einsichten aus diesem bewussten Musterbruch waren bei Weitem eindrucksvoller und nachhaltiger, als jeder Vortragsredner hätte wirken können.

Welche Ableitungen für die Notwendigkeit des „Verlernens" können daraus gebildet werden? Was bedeutet „verlernen" in diesem Zusammenhang eigentlich? Und ist es überhaupt möglich?

Verlernen ist aktiv

Unlearning bedeutet wörtlich übersetzt: „verlernen". Passender ist aber „abgewöhnen", weil es – wie das „Unlearning" im Englischen – eine aktive Konnotation hat: Es passiert einem nicht einfach, sondern man tut es bewusst. Verlernen ist schwer, denn was wir gelernt haben, ist ein fester Teil unserer Identität geworden. Einer der engsten Vertrauten Sigmund Freuds, Otto Rank, schrieb dazu, dass das Verlernen immer „ein Sieg über das eigene Ego" sei. Der Weg zu mehr Selbstorganisation führt deshalb unweigerlich an einem Spiegel vorbei. Es lohnt sich, genauer hineinzuschauen. Was ist zu sehen?

Auf den ersten Blick das Offensichtliche: Organigramme, Rollenbeschreibungen, Titel und Prozessmodelle. Einer der Mitbegründer der Organisationsentwicklung, Edgar Schein, bezeichnet diese sichtbaren Elemente als Artefakte. In seiner Analogie der Unternehmenskultur sind sie die Seerosenblüten, die oben auf dem Teich schwimmen. Gehen wir unter die Oberfläche, zu den Stängeln der Seerosen, begegnen wir den Tabus, Geboten und Standards. Sie repräsentieren kollektive Werte und Normen, welche die Artefakte prägen. Diese Werte werden oft in Leitbilder gefasst, um die Kultur einer Organisation greifbar zu machen: „Vertrauen", „Respekt", „Kundenorientierung".

An den Wurzeln der Seerosen liegen die versteckten Annahmen, die alle teilen und die in der Regel nicht hinterfragt und diskutiert werden: dass es ohne Fleiß keinen Preis gibt, dass der

Klügere nachgibt, dass der Chef das letzte Wort hat. Dass ohne Kontrolle die Organisation im Chaos versänke und dass ohne Anreize keiner einen Finger rühren würde. Diese kollektiven Glaubenssätze, mentalen Modelle und inneren Bilder formen, wie die Organisation und die Menschen gesehen werden. Sie prägen alles, was darüber passiert. So wird eine Kultur, die auf einem Grundvertrauen in Menschen aufbaut, zwangsläufig andere Normen und Artefakte herausbilden als eine Kultur, die geprägt ist durch den Glaubenssatz „Vertrauen ist gut, Kontrolle ist besser".

Im Spannungsfeld zwischen Hierarchie und Selbstorganisation spielen diese Grundannahmen eine entscheidende und regelmäßig unterschätzte Rolle. Methoden, Modelle und Toolkits sind hilfreich und können ein Anfang sein, aber sie kratzen nur an der Oberfläche. Die Auseinandersetzung mit den Wurzeln hingegen öffnet die Tür zu nachhaltiger Veränderung. Aber welche Glaubenssätze und inneren Bilder müssen wir loslassen? Und wie sehen Alternativen aus?

Systemisch und komplex

Im Kern geht es um den Übergang von mechanistischen, linearen Grundannahmen zu einer systemischen, vernetzten Perspektive. In den letzten 15 Jahren haben wir, die Autoren, in deutschen Großkonzernen erlebt, dass Unternehmen noch immer als Maschinen und Menschen als Ressourcen gesehen werden. Dies wird nicht offen ausgesprochen, aber es scheint durch, wenn man genauer hinschaut: Die Firma wird programmiert über Organigramme und Berichtslinien. Helden werden gefeiert und Schuldige gefeuert. Menschen werden gesteuert und optimiert über Zielvereinbarungen und Anreize. Problemen wird mit der Haltung eines Mechanikers begegnet: den Fehler finden und reparieren. Eine Lösung wird auf dem Papier entwickelt und über ein Rollout ins System eingespeist wie ein Update. Was sich nicht messen lässt, zählt wenig. Emotionen sind Störgeräusche und Intuitionen haben kaum Legitimität.

Diese versteckten Paradigmen schränken das Denken und Handeln in Unternehmen ein wie ein mentales Korsett. Es mag im 20. Jahrhundert hilfreich gewesen sein, im 21. Jahrhundert stößt es angesichts der zunehmenden Dynamik und Komplexität krachend an seine Grenzen.

Aber was genau wird anders, wenn stattdessen systemischer und vernetzter gedacht wird? Vor allem wird dann die wahre Komplexität von Organisationen und Menschen sichtbar. Hierzu eine semantische Erläuterung: Die Begriffe *kompliziert* und *komplex* werden oft synonym verwendet. Hier ist ihre Unterscheidung aber elementar.

Komplizierte Systeme, wie beispielsweise die Grafikkarte des Laptops, auf dem dieser Text verfasst wurde, haben zwar viele Elemente, sie sind also keinesfalls trivial oder einfach. Aber sie sind geprägt von eindeutigen Zusammenhängen. Sie sind vorhersehbar. Input A führt konsistent zu Output B. Wird auf die Tastatur getippt, erscheinen zuverlässig Buchstaben auf dem Bildschirm. Und wenn das nicht funktioniert, kann das Problem analysiert und – vorausgesetzt, das notwendige Wissen liegt vor – das System repariert werden.

Komplexe Systeme und Probleme hingegen überraschen uns. A führt nicht vorhersehbar zu B. Wechselwirkungen und Kontext spielen eine zentrale Rolle. Die Wirtschaft, Klima, Ökosysteme oder Politik verlaufen nicht linear oder kausal – derselbe *Input* führt nicht vorhersehbar zum selben *Output*. Das gilt für soziale Systeme wie Unternehmen und es gilt vor allem für Menschen. Das Zusammenlegen zweier Abteilungen führt nicht zwangsläufig zu mehr Kooperation. Prämien für Ideen führen nicht unbedingt zu mehr Ideen. Motivationssprüche aus Managerseminaren führen nicht immer zu höherer Motivation bei den Mitarbeitenden. Auch das jeweilige Gegenteil ist durchaus denkbar.

Der mechanistische Blick zerlegt ein System in seine Einzelteile, um sie zu analysieren und zu optimieren. Leistung hängt in dieser Logik in erster Linie vom Individuum ab. Anhand von Kennzahlen wird dann bewertet, ob jemand eine gute Polizistin oder ein guter Polizist ist. Wie viele Verhaftungen, wie viele Beschwerden, wie viele Berichte oder wie viele Fehler? Der systemische Blick hingegen richtet die Aufmerksamkeit auf das Zusammenspiel der Teile, ihre Wechselwirkungen und Zwischenräume. Leistung entsteht dann im Team, in einem Netzwerk aus Beziehungen, und kann nur eingebettet in ihren Kontext verstanden werden.

Wahr oder falsch?

Im systemisch-vernetzten Denken wird auch die Suche nach der einen „objektiven" Wahrheit unwichtiger. Wer hat recht? Das kommt auf die Perspektive an. Denn die soziale Wirklichkeit ist ein Konstrukt unserer Annahmen, Filter und Wahrnehmungsmuster. „Die Bilder, die in uns feuern, bestimmen unser Erleben", sagt dazu der Arzt und Systemiker Gunter Schmidt. Er schlägt daher vor, lieber von „Wahrgebung" als von Wahrnehmung zu sprechen. Auch der renommierte israelische Historiker Yuval Noah Harari schlägt in diese Kerbe, wenn er in seinem Buch *Homo Deus* erläutert, dass immer mehr fundamentale Aspekte unserer Gesellschaft auf sogenannten „intersubjektiven Realitäten" fußen. Damit beschreibt er Konstrukte, die über das Bewusstsein einer einzelnen Person hinausgehen. Eine intersubjektive Realität ist also eine erfundene Ordnung, eine Fiktion, die durch den Glauben vieler Individuen zu einer realen Macht wird – wie etwa Geld, Gott oder Grenzen. Wenn also der Glaube an die Messbarkeit aller Dinge zur „Religion" in Unternehmen wird, zu einem Dogma, das nicht angezweifelt werden darf, dann bekommt er den Status einer intersubjektiven Realität, die als gesetzte Wahrheit gilt.

Selbst in der vermeintlich objektiven Physik setzt die Quantentheorie dem Anspruch Grenzen, die Realität zu beschreiben. Eigentlich gelten die Gesetze der Physik als deterministisch: Sind alle Variablen bekannt, lässt sich das Ergebnis eines Prozesses vorhersagen. Doch die Quantentheorie entzieht sich diesem Grundprinzip. Hier gibt es Zustände, die auch dann keine Vorhersage erlauben, wenn alle Variablen exakt bekannt sind. Wir sprechen dann nur noch von Wahrscheinlichkeiten. Und die Messung an sich beeinflusst das Ergebnis. Beobachten, ohne zu verändern, ist also selbst in der Physik nicht überall möglich. Der österreichische Physiker und Nobelpreisträger Erwin Schrödinger kommentierte diesen dramatischen Paradigmenwechsel mit den Worten „Ich mag sie [die Quantentheorie] nicht und es tut mir leid, dass ich jemals etwas mit ihr zu tun hatte". Verständlicherweise wäre ihm als Physiker eine Welt, die sich uneingeschränkt objektiv beschreiben lässt, sympathischer.

Geht man also davon aus, dass vieles von dem, was wir als „real" erleben, nur eine intersubjektive Realität, eine Konstruktion ist, dann wird unwichtiger, wer recht hat. Es fließt weniger Energie in die perfekte Analyse und man widersteht leichter der Versuchung, alles bis ins letzte Detail zu definieren. Es wird offensichtlich: Wenn die Stellenbeschreibung immer detaillierter wird, ist die Rolle dadurch nicht unbedingt klarer. Nicht selten ist eher das Gegenteil der Fall. Systemisches Denken kommt besser mit Unerwartetem, Widersprüchen und Dilemmata klar – es kann sie besser integrieren als ein linear-hierarchischer „Wenn-dann-Blick" auf die Welt. Es geht also nicht darum, dass Stabilität und Hierarchie falsch und Agilität und Selbstorganisation richtig sind. Es geht um die Kunst, die passende Mischung aus beidem zu finden.

Homo oeconomicus

In Führungsetagen und MBA-Kursen ist der *homo oeconomicus* noch immer das wirkmächtigste mentale Modell für menschliches Verhalten. Danach sind Menschen kühle Analytiker, die ihre Optionen nach rationalen Kriterien abwägen und sich dann für die Lösung entscheiden, die ihren eigenen Nutzen maximiert. Das ist nur ein theoretisches Konstrukt. Die Annahme lautet also nicht, dass menschliches Verhalten uneingeschränkt und immer so funktioniert. Aber in vielen Führungsetagen hat dieses Menschenbild noch immer einen heimlichen Stammplatz in der VIP-Lounge der Glaubenssätze. Auf diesem Fundament stehen etablierte Praktiken wie *Pay for Performance* und *Management by Objectives*. Wenn mal wieder der Satz „Leistung muss sich lohnen" fällt, wenn Kontrollmechanismen eingeführt werden und ausgefeilte Belohnungs- und Bestrafungsmodelle entwickelt werden, sitzt der homo oeconomicus feixend mit am Tisch.

Die undifferenzierte Vorstellung, Menschen hätten am Ende doch nur den größten wirtschaftlichen Nutzen für sich selbst im Blick, zeichnet jedoch ein zu einfaches Bild. Menschen kooperieren in vielen Situationen so selbstlos, dass man nur mit größten Verrenkungen einen Eigennutz hineininterpretieren kann. Unternehmen sind nicht einfach nur Orte kalter Tauschgeschäfte, sondern ein komplexes soziales Geflecht aus Emotionen, Gruppendruck, Reziprozitäten und Machtspielchen. Dabei wird manchmal egoistisch gehandelt, aber sehr häufig eben auch kooperativ und uneigennützig, ganz ohne finanziellen Vorteil. Soziale Beziehungen, intrinsische Motivation und Identifikation mit Zielen und Gruppen können deutlich kraftvollere und nachhaltigere Anreize setzen als der Bonus am Jahresende. Arbeitnehmer:innen sind eben ganze Menschen, also komplexe soziale Wesen.

Ganz schön WEIRD

Die psychologische Forschung ging lange davon aus, dass Menschen in erster Linie analytisch denken und argumentieren. Aber mittlerweile hat sich herausgestellt, dass es deutliche kulturelle Unterschiede gibt. Menschen aus Gesellschaften wie Deutschland oder den USA werden auch zusammengefasst unter dem Akronym WEIRD (engl. für *western, educated, industrialized, rich, democratic*). Und es hat sich gezeigt: Je „weirder" die Kultur, desto analytischer denken wir. Menschen aus asiatischen Kulturen beispielsweise denken hingegen ganzheitlicher und eher in Zusammenhängen. Es gibt sogar systematische Unterschiede in der Wahrnehmung: Westlich sozialisierte Menschen nehmen bereits einfache Objekte stärker in ihren Einzelteilen wahr, während Asiaten mehr das Objekt als Ganzes erkennen.

Auf Unternehmensebene zeigt sich dieses kulturelle Phänomen prägnant: Im „Westen" wird bei schwer greifbaren Problemen viel Energie darauf verwendet, sehr genaue Definitionen zu erarbeiten. Ein Beispiel sind Kompetenzmodelle für Führung, die oft sehr detailliert und ausführlich sind. Dahinter steht die Vorstellung: Wenn endlich definiert ist, was gute Führung ausmacht, bekommt man das Thema in den Griff und kann es verwalten. Das *Fraunhofer-Institut* zum Beispiel beantwortet die Frage „Welche Kompetenzen brauchen Fraunhofer-Führungskräfte?" mit einer Liste von 22 Kompetenzen. Hier ein Auszug aus dieser Liste: Strategiekompetenz, unternehmerische Kompetenz, Organisationsfähigkeit, Innovationsfähigkeit, Diversitymanagement, Veränderungsmanagement, Gesundheitsmanagement, Selbststeuerung. Es ist schon eine Herausforderung, all diese Begriffe überhaupt zu unterscheiden. Helfen solche Listen den Führungskräften wirklich zu verstehen, was von ihnen erwartet wird?

„Wir fühlen uns nicht orientiert, wenn wir nicht definiert haben. [...] Rezepte, Definitionen, 800 (!) Seiten-Ordner ISO-Plus vermitteln das Gefühl, es im Griff zu haben. Befrage ich Führende, höre ich eher von 'Aquaplaning': Man hat das Steuer zwar in der Hand, aber der Wagen reagiert nicht wie gewünscht", schreibt dazu der Systemiker Marc Minor.

Autonomie lernen

Die „weirde" Kultur ist im Besonderen geprägt durch unsere Bildungseinrichtungen. Sie leben uns die Denkmodelle und den Archetypus von Organisationen vor: Lehrer:innen oder Professor:innen geben den Ton an, bestimmen den Lehrplan, bewerten die Leistung. Sie gehören mit angemessener Unterwürfigkeit behandelt. Sich darüber hinwegzusetzen verletzt ungeschriebene kulturelle Gebote. Oder ist es vorstellbar, im Jurastudium nach der ersten Vorlesung der Professorin freundlich das Du anzubieten?

An der Stanford *d.school* in Palo Alto, einem der weltweit renommiertesten Institute für Kreativität und Design, kennt man das Problem dieser Vorprägung. Um ihr zu begegnen, beginnen die ersten Kurse mit einer Irritation: Wenn die Studenten den Kursraum betreten, finden sie nur eine freie Fläche vor. Tische, Stühle, Whiteboards und Materialien sind am Rand verstaut. Die Studierenden wundern sich: Wo soll ich mich hinsetzen? Hat hier keiner was vorbereitet? Bin ich im falschen Raum? Sie sind richtig, aber wie sie dann erfahren, ist ihre Rolle anders als „gelernt": Sie sollen den Raum von Anfang an mitgestalten – und damit auch aktiv die eigene Lernerfahrung. Wie bei den Top-Führungskräften in der Fliegerhalle wird mit dieser kleinen, aber feinen Intervention deutlich gemacht: Wir haben hier nicht alles vorstrukturiert. Du trägst eine Mitverantwortung für das, was hier passiert und was du lernen kannst.

Es gibt auch hierzulande Ansätze, die stärker auf Selbstbestimmung und Eigenmotivation setzen und weniger auf die extrinsische Motivation durch Noten oder die frontale Wissensvermittlung durch den Lehrer. Wir, die Autoren, sind keine Experten für Pädagogik oder alternative Schulformen und wir sind selbst „klassisch" aufs Gymnasium gegangen. Aber uns fällt auf, mit welcher Selbstverständlichkeit gerade im wirtschaftlichen Kontext alternative Schulformen wie zum Beispiel *Montessori-* oder *Waldorfschulen* als esoterisch, anti-autoritär und leistungsfeindlich abgestempelt werden. Dort lerne man vor allem „seinen Namen zu tanzen", ist das Erste, was den meisten dazu einfällt. Es gibt sicherlich berechtigte Fragen, beispielsweise was die wissenschaftliche Fundierung der anthroposophischen Lehre Rudolf Steiners betrifft. Aber es gibt ebenso wissenschaftliche Studien, die nahelegen, dass zum Beispiel Montessori-Schulen akademische und soziale Kompetenzen im Vergleich zu anderen Schulformen mindestens gleichwertig, womöglich sogar besser fördern. Vielleicht ist es Zufall, dass die Gründer von Google, Facebook, Amazon und Microsoft einen Teil ihrer Bildung und Sozialisierung in Montessori-Einrichtungen erfahren haben. Vielleicht aber auch nicht. Wir können und wollen das hier nicht bewerten. Aber wir glauben, dass die zum Teil vehemente Ablehnung dieser Einrichtungen damit zusammenhängt, dass ihr ganzheitlicher Ansatz nicht in unser Bild von Ordnung und Leistung passt.

Medienwirksam

Eine zuverlässige Quelle für die Beharrlichkeit, mit der wir an unseren inneren Bildern von Organisation und Führung festhalten, sind die Medien, die wir nutzen. Genauer gesagt: die typischen Geschichten, die sie uns bevorzugt erzählen und die wir auch gerne konsumieren. Filme, Serien, Artikel, Managementliteratur: Sie wärmen nur zu gerne die alten Märchen von der heroischen Führung auf. Die Erfolge und Eskapaden schillernder Führungspersönlichkeiten sind spannender, anschaulicher und leichter zu erzählen als die Geschichte eines guten Teams, erfolgreicher Prinzipien oder einer starken Unternehmenskultur. Steve Jobs, Jeff Bezos oder Elon Musk sind omnipräsent. Aber wie hießen nochmal gleich die beiden Gründer von *Google?* Zwei Namen sind schon einer zu viel.

Ob Fußballtrainer oder Unternehmenslenker: Wenn die Ergebnisse nicht stimmen – und man vielleicht nicht gerade ein berüchtigter harter Hund ist –, wird schnell „Führungsschwäche" als Wurzel allen Übels ausgemacht. So ist laut *manager magazin* klar, warum der BMW-Vorstand Harald Krüger 2019 zurücktrat:

„Er führt im Team und nicht als klarer Anführer eines Rudels von Alphatieren. [...] Man mag es bedauern, aber Konzerne dieser Größe und Komplexität brauchen eine starke, eine eindeutige Führung." Der vielsagende Titel des Artikels: *BMW braucht wieder mehr Alpha*. War es vielleicht viel komplexer, vielschichtiger? Das will aber niemand lesen. Gewünscht sind Helden und Sündenböcke, Chefs und harte Hunde. Und die bekommen wir auch. Aber mit jeder auf diese Weise vereinfachten Erzählung klopfen wir das reduzierte, personalisierte Verständnis von Führung fest.

Implizite Erwartungen

Deutlich erkennen kann man die starke Sozialisation und die impliziten Vorstellungen von Organisationsstrukturen bei *studentischen Unternehmensberatungen*. Das sind gemeinnützige Vereine, die es Studierenden (mehrheitlich solchen der Wirtschaftswissenschaften) ermöglichen, erste Erfahrungen beim Aufbau und der Koordination einer gemeinsamen Organisation und mit Beratung zu machen. Das hat viele Vorteile: Die Kunden bekommen günstige Beratungsleistungen von gut ausgebildeten jungen Talenten, die Studierenden können einiges lernen und erste Verantwortung übernehmen.

Die spannende Frage ist: Welche Art Organisation gestalten Studierende, die abgesehen von ein paar Praktika noch wenig berufliche Erfahrung haben? Was ergibt sich aus ihrer internalisierten Vorstellung, wie ein Unternehmen auszusehen hat? Man könnte annehmen: Das sind doch junge Leute, *Generation Y oder Z*, da wird modern und auf Augenhöhe geführt. Agilität, Offenheit und Feedback gehören da doch von Anfang an zur Tagesordnung, oder? Weit gefehlt! Faszinierenderweise sind studentische Unternehmensberatungen viel hierarchischer, formalisierter und bürokratischer, als man erwarten würde – und diesbezüglich altmodischer als viele „echte" Unternehmen.

Den Führungsrollen wird sehr große Bedeutung beigemessen, sie zu bekleiden bedeutet Macht und Status. Es wird genau unterschieden zwischen 1., 2. und 3. Vorstand. Über Zielvereinbarungen und Leistungsbewertungen wird versucht, Druck aufzubauen. Der *Bund deutscher studentischer Unternehmens-*

beratungen (BDSU) unterzieht seine Mitgliedsorganisationen jährlich einem Audit nach *ISO 9001.* Dieses Qualitätsmanagement geht sehr ins Detail: Neben zahlreichen Pflichtschulungen wird unter anderem geprüft, ob ein detailliertes Konzept zur korrekten Benennung von Dokumenten und Strukturierung von Ordnern vorliegt und ob es eingehalten wird. Sind Dokumente falsch benannt, zeigt das Audit schnell die rote Ampel. Kein Wunder, dass studentischen Beratungen ganze Teams und eigene Vorstandsposten für Qualitätsmanagement haben, zu deren Aufgaben laut eigener Aussage die „Überwachung der internen Organisation" gehört.

Hier manifestiert sich eine starke kulturelle Prägung. Für einen gemeinnützigen Verein, der primär dem Lernen dienen soll und aus einigen Dutzend freiwilligen Studierenden besteht, ist das schon starker Tobak. So stellen sich ausgerechnet diejenigen ein Unternehmen vor, die durch ihre späteren Jobs in renommierten Unternehmensberatungen viel Einfluss auf deren Gestaltung nehmen?

Aber nicht nur unsere Sozialisation und unsere daraus entwickelten Haltungen, sondern auch unsere individuellen Filter, unsere Gewohnheiten und intrinsischen Antriebe erzeugen starke Beharrungskräfte, die es uns äußerst schwer machen, neue Perspektiven zu akzeptieren und unser Verhalten zu ändern.

Innere Filter

Ende des 19. Jahrhunderts beobachtete der österreichische Arzt Gabriel Anton bei einer Patientin einen erstaunlichen Zustand: Sie war erblindet, doch verhielt sie sich, als wäre nichts geschehen. Auf ihre Sehkraft angesprochen verneinte sie vehement, dass etwas nicht in Ordnung sei. Sie war fest davon überzeugt, noch sehen zu können. Diese fehlende Einsicht in die eigene Blindheit wird seither *Anton-Syndrom* genannt.

Dieses zugegebenermaßen extreme Beispiel zeigt: Menschen sind erschreckend gut darin, sich etwas vorzumachen. Informationen werden nicht objektiv verarbeitet. Schon die vermeintlichen „Rohdaten" sind gefärbt. Was wir mit unseren Sinnen wahrnehmen, wird sofort und unbewusst gefiltert, sortiert und interpretiert. Denken, Erinnerungen und Urteilsvermögen unterliegen zahlreichen kognitiven Verzerrungen (*cognitive bias*). Einer der bekanntesten *biases* ist die selektive Wahrnehmung: Was wir erwarten, worauf die Aufmerksamkeit liegt, wird deutlicher wahrgenommen. Ein weniger bekannter Bias ist die Kontrollillusion (*illusion of control*): die menschliche Tendenz, zu glauben, wir könnten gewisse Vorgänge kontrollieren, auf die wir nachweislich aber gar keinen Einfluss haben. Weshalb Menschen sich am Steuer eines mit 200 Stundenkilometern über die Autobahn rasenden Wagens sicherer fühlen als in einem Flugzeug – obwohl das statistische Risiko auf der Autobahn um ein Vielfaches höher ist. Eine einfache Form dieses Denkfehlers sieht man beim Würfeln: Spieler neigen dazu, stärker zu würfeln, wenn sie hohe Zahlen erzielen wollen, und sanfter für niedrige Zahlen.

Nach aktuellem Forschungsstand gibt es über 180 solcher *biases*. Es ist sozusagen das kollektive Anton-Syndrom: Die eigene Blindheit ist schwer zu erkennen. Welche Rolle spielen diese inneren Filter für den Lernprozess, um den es bei *Unlearning Hierarchy* geht?

Zunächst: Diese Verzerrungen sind nützlich. Ohne sie wären wir Menschen überfrachtet mit Informationen und nicht handlungs- und entscheidungsfähig. Was (vermeintlich) wichtig ist, wird erinnert, der Rest wird vergessen. Das eigene Verhalten fühlt sich aus der eigenen Perspektive schlüssig an, auch wenn es das nicht immer ist. Der einflussreiche Transformationsforscher Otto Scharmer verwendet den Begriff des „sensemaking", um den Prozess zu beschreiben, wie wir das Ungewisse so strukturieren, dass wir uns darin bewegen können.

Unsere Vorannahmen spielen uns dabei permanent Streiche. Angenommen, ein Unternehmensberater hat einen Termin bei einem potenziellen Kunden. Als er den Raum betritt, wartet das Team des Kunden schon auf ihn. Auch jemand aus der Geschäftsführung soll dabei sein. Unser Mann ist nicht gut vorbereitet, er weiß nicht genau, wer eigentlich wer ist. Aber es wird nur einen Augenblick dauern, bis er eine erste Intuition hat, wer welche Rolle hat, wer wichtig ist und wer ihm mehr oder weniger sympathisch ist. Die Automatismen seines Gehirns haben im Bruchteil einer Sekunde eine Fülle an Informationen verarbeitet: äußere Erscheinung, Körpersprache, Stimme, wer sitzt wo, wer reicht den Kaffee? Doch bei aller Nützlichkeit setzen ihm diese

Automatismen auch Grenzen – und führen ihn letztlich in die Irre: Zu Beginn des Meetings bittet er die vermeintliche Assistentin, ihm doch bitte einen Kaffee zu bringen. Sie entpuppt sich aber als die Geschäftsführerin. Womöglich hat es nicht in sein Bild gepasst, dass ausgerechnet die junge Frau in diesem Raum die Führungsrolle einnimmt?

Mentale Autobahnen

Die inneren Filter verhindern Paradigmenwechsel. Es ist, als wäre der Geist ein exklusiver Club mit sehr skeptischen, muskelbepackten Türstehern. Was nicht in das etablierte Bild oder Selbstkonzept passt, wird schon an der Tür abgewiesen. Neurologisch betrachtet werden die Verbindungen von Neuronen stärker, je häufiger sie gemeinsam feuern. Man kann sich das vorstellen wie Autobahnen im Gehirn: gut ausgebaut und ausgeschildert, sodass sie mit hoher Geschwindigkeit befahren werden können, ohne nach rechts oder links schauen zu müssen.

Dadurch entstehen mentale Modelle, Glaubenssätze und innere Bilder. Und mit jeder Wiederholung wird eine weitere Fahrspur freigegeben und der Belag erneuert. Informationen, die auf holprige Nebenstraßen führen könnten, werden hingegen ignoriert oder uminterpretiert. Bleiben wir auf den Autobahnen, betreiben wir „downloading", würde Otto Scharmer sagen. Die alten Muster bleiben stabil und Transformation und Weiterentwicklung fallen aus.

Unlearning bedeutet, sich eben dieser Autobahnen im Zusammenhang mit Führung und Hierarchie bewusst zu werden. Welche Annahmen prägen uns? Muss eine Organisation aussehen wie eine Pyramide? Muss jeder genau einen Vorgesetzten haben? Muss man so viel wie möglich kontrollieren oder messen? Nun ist es so, dass man sich die eigenen Verzerrungen und Muster bewusst machen, die Türsteher also vielleicht kennenlernen kann. Sie werden aber dadurch noch lange nicht einfach so ihren Platz an der Tür räumen.

Die Macht der Gewohnheit

Eine Abteilungsleiterin hat das Feedback von ihrem Team bekommen, dass sie zum *Mikromanagement*, also zu enger und kleinteiliger Führung neigt. Auf Empfehlung eines Freundes besucht sie ein dreitägiges Seminar zum Thema „Agile Führung" bei einem renommierten Weiterbildungsinstitut. Sie lernt viel Neues und kehrt mit der Motivation zu ihrem Team zurück, die Dinge von jetzt an anders anzugehen. Aber was ändert sich, sobald der Arbeitsalltag wieder zuschlägt? Leider sehr oft: nicht viel. Wie kommt das?

Wenn sich Wissen und Einstellung ändern, bedeutet das noch lange nicht, dass sich auch das Verhalten ändert. Deutlich zeigt sich diese Diskrepanz beim Thema Klimawandel. Obwohl kaum noch jemand anzweifelt, dass wir unseren CO_2-Ausstoß massiv senken müssen, und obwohl wir viel darüber wissen, was sich ändern müsste und wie es gehen kann – unser tatsächliches Verhalten zieht nur sehr schleppend mit. Diese Lücke zwischen Werten bzw. Einstellung und unserem Verhalten wird als *Value Action Gap* bezeichnet. Sie tritt nicht nur in unserem Konsumverhalten auf, sondern auch im organisatorischen Kontext. Chris Argyris, ein Vordenker der Idee der *Lernenden Organisation*, unterscheidet auf ähnliche Weise zwei Theorien: die, mit der wir anderen und uns selbst unser Verhalten erklären, und die, die uns wirklich geleitet hat. Diese zwei Theorien stimmen oft nicht überein. Wir haben sozusagen unterschiedliche mentale Landkarten: eine offizielle und die, die wir tatsächlich nutzen.

Die Managerin hat in der Weiterbildung „Agile Führung" vermutlich viel darüber gehört, wie sie mehr Freiräume für ihr Team schaffen und stärker durch Prozesse und Rituale als durch Anordnungen führen kann. Doch zurück in ihrer Rolle agiert sie weiterhin als Mikromanagerin und funkt dem Team ständig dazwischen. Warum wendet sie nicht an, was sie gelernt hat? Ihr würden vermutlich schnell schlüssige Gründe einfallen. Wie wir beschrieben haben, agiert ihre Wahrnehmung als wirksamer Filter und passt sich so an, dass das Selbstkonzept stabil bleibt. Es wird also die offizielle Landkarte hervorgeholt: Es waren besondere Umstände, da *musste* sie eingreifen, sonst wäre das in die falsche Richtung gelaufen, das ging nicht anders. Das Bedürfnis, das Selbstbild aufrechtzuerhalten, das uns Sicherheit gibt in einer unübersichtlichen Welt, ist außerordentlich stark und sticht neue Einsichten und Vorsätze meist locker aus.

Chris Argyris hätte unsere Abteilungsleiterin in einem Coaching vermutlich Folgendes gefragt: „Was denkst du über dein Team? Was bewegt dich dazu, es so zu steuern? Was denkst du, würde passieren, wenn du es anders machst? Wovor hast du Angst?" Vielleicht will die Managerin vermeiden, dass etwas schiefläuft, und ist überzeugt davon, mit ihrer Erfahrung helfen zu müssen. Vielleicht ist ihr auch wichtig, das Gefühl von Kontrolle zu haben? Vielleicht weiß sie auch einfach nicht, was nach einer Veränderung noch ihre Aufgabe sein könnte? Das Loslassen etablierter Formen von Kontrolle und sozialer Rangordnungen kann sehr viel in uns auslösen.

Versteckter Antrieb

Wenn Macht anders verteilt wird und Entscheidungen anders getroffen werden, weckt das Hoffnungen, löst aber auch Ängste aus. Es geht ans Eingemachte: an unsere inneren Belohnungsmechanismen. Was fühlt sich für uns gut an, was ist uns wichtig? Was sorgt dafür, dass unsere neurologischen Belohnungszentren feuern? Eine entscheidende Rolle spielen unsere (oft unbewussten) Motive. Der US-amerikanische Verhaltens- und Sozialpsychologe David McClelland unterscheidet in seiner viel beachteten Motivationstheorie drei zentrale Motive: Macht *(power)*, Leistung *(achievement)* und Anschluss *(affiliation)*. Seine Vermutung ist, dass jeder alle drei Motive in sich trägt, jedoch besonders stark durch ein oder zwei von ihnen angetrieben wird. Dabei kann es jeweils in beide Richtungen gehen, beispielsweise im positiven Sinne die Hoffnung auf sozialen Anschluss oder im negativen die Furcht vor Zurückweisung. McClelland fragte in seinen Studien direkt, was Menschen wichtig ist (zum Beispiel über Fragebögen) und verglich die Ergebnisse mit assoziativen Testverfahren, in denen Bilder interpretiert und daraus Geschichten abgeleitet werden. Das erstaunliche Ergebnis: Die bewussten Motive (explizit) korrelieren nicht mit den unbewussten (implizit). Es kann also sein, dass die Managerin in unserem Beispiel fest davon überzeugt ist, dass Macht für sie persönlich gar keine Rolle spielt – tatsächlich ist sie aber stärker durch sie motiviert, als ihr bewusst ist.

Absolventen der Wirtschafts- und Ingenieurswissenschaften haben besonders häufig ein ausgeprägtes Leistungs- und Machtmotiv. Gleichzeitig besetzen die Absolventen dieser Studiengänge einen überproportional hohen Anteil der Führungspositionen in Großunternehmen. Die klassische Hierarchie bedient eben diese Leistungs- und Machtmotive sehr zuverlässig. Dies ist womöglich ein weiterer Grund, warum wir uns so schwertun, Macht in Unternehmen neu zu denken.

Das muss man erlebt haben

Für die Transformation zu mehr Selbstorganisation bedeuten diese Diskrepanzen zwischen Einstellung und Verhalten und bewussten und unbewussten Motiven: Probieren geht über Studieren. Theoretische Diskussionen über neue Führungsrollen sind eine Sache, aber es wirklich zu leben und zu erleben ist eine ganz andere. Auf dem Papier mag es verlockend klingen, stärker selbstorganisiert zu arbeiten – aber wie fühlt es sich an? Wie ist es, Macht abzugeben? Was macht das mit mir? So gelangt man unter die Oberfläche und entwickelt auch die inoffiziellen Landkarten schrittweise weiter.

Auch auf unserer eigenen Reise sind wir immer wieder über einige dieser Hürden gestolpert und von den Türstehern an den mentalen Pforten abgewiesen worden. Obwohl wir fast sicher waren, kein Problem damit zu haben, Führung und Macht abzugeben, sind wir in alte Kontrollmuster gerutscht. Obwohl wir überzeugt davon waren, Entscheidungen partizipativer und langsamer zu treffen, sind wir von unseren Gewohnheiten eingeholt worden, haben eben mal schnell aus der Hüfte geschossen und unsere Teams dann vor vollendete Tatsachen gestellt. Und obwohl wir im Kern daran glaubten, dass es nicht immer eine objektive Wahrheit gibt und dass eine Sowohl-als-auch-Haltung uns manchmal weiterbringt, haben wir in inhaltlichen Auseinandersetzungen doch oft viel Zeit damit verbracht, andere davon zu überzeugen, dass wir recht hatten.

Quintessenz Teil 1
Unlearning Hierarchy

- Hierarchien erfüllen wichtige Funktionen, aber die Grenzen starrer Hierarchien treten mit zunehmender Dynamik und Vernetzung immer deutlicher hervor.
- Wir sind kulturell konditioniert, in Hierarchien zu denken und zu handeln.
- Wir müssen und können Hierarchien nicht abschaffen, aber es ist wichtig, sie beweglicher zu gestalten.
- Um anpassungsfähiger zu werden, brauchen wir mehr Selbstorganisation, die Macht und Verantwortung dezentraler verteilt.
- Selbstorganisation organisiert sich nicht selbst, sondern benötigt ein Gerüst aus klarer Ausrichtung, prägnanten Prinzipien, hoher Transparenz und schnellem Lernen.
- Die Navigation im Spannungsfeld zwischen Hierarchie und Selbstorganisation bedarf einer tiefen Auseinandersetzung mit uns selbst. Es reicht nicht, neue Methoden und Organisationsmodelle einzuführen.
- Wir haben gelernt, Unternehmen und Menschen mechanistisch zu betrachten. Es bringt uns weiter, wenn wir Organisationen als lebendige Systeme verstehen.
- Unsere Wahrnehmung und unser Verhalten folgen mentalen Autobahnen. Verlernen bedeutet, auf holprige Nebenstraßen abzubiegen.

Ausblick auf Teil 2–4

In Teil I dieses Buches haben wir ein Verständnis dafür entwickelt, wo der Nutzen und die Grenzen von Hierarchien liegen, und erörtert, warum es für immer mehr Organisationen wichtig wird, selbstorganisierter zu agieren und verteilter zu führen. Wir haben aufgezeigt, dass es dazu ein „Unlearning" unserer bewährten Bilder und mentalen Modelle braucht, und auch erklärt, mit welchen Fragen und Herausforderungen wir bei diesem Prozess des aktiven Verlernens konfrontiert werden.

In den folgenden Teilen II–IV geben wir Antworten auf einige der Fragen und erfahren, wie neue Bilder und Modelle in Aktion aussehen können und welcher Paradigmenwechsel es dafür bedarf. Und wir werden Praxisbeispiele kennenlernen, die uns zeigen, dass und wie Führung, Zusammenarbeit und Organisation auch anders und zukunftsträchtiger gehen können.

Teil 2

Vernetzte Organisation

Spätestens Charlie Chaplins Film *Modern Times* aus dem Jahre 1936 prägte das Bild von Industrieunternehmen als mächtige Maschinen. Die Welt hat sich seitdem verändert – hat sich auch unser Bild von Organisationen weiterentwickelt? Ja, das hat es. Die aktuellere Metapher ist die des Computers. Heute spricht man eher davon, das *Betriebssystem* unserer Organisation zu erneuern und Prozesse zu „hacken". Doch auch der Computer ist eine Maschine. Und auch die lernfähigsten und mächtigsten Algorithmen agieren letztlich mechanisch.

Mit beiden Analogien ist also dieselbe zentrale Annahme verknüpft: Organisationen können analysiert, programmiert, repariert und damit „gemanagt" werden. Im Zeitalter der Digitalisierung ist es aber überfällig, Unternehmen eher wie dynamische Netzwerke zu verstehen, also als Organismen, die durch ihre Verbindungen lebendig und ständig in Bewegung sind und so stets anpassungsfähig bleiben.

Arbeitnehmer:innen verrichten ihre Tätigkeit in komplexen sozialen Systemen, in denen A nicht zwangsweise zu B führt und in denen Menschen mehr sind als Rädchen im Getriebe. Agiert man trotzdem aus einer technokratisch-mechanistischen Haltung heraus, hat das heftige Nebenwirkungen für Organisation und Menschen zur Folge.

Um mehr Selbstorganisation möglich zu machen, müssen wir uns von den alten Bildern lösen und neue Bilder entwickeln. Was ist heutzutage üblich und muss überwunden werden? Und was wird möglich, wenn wir das schaffen? Um dies zu beantworten, widmet sich dieser 2. Teil des Buchs drei zentralen Fragen: Wie strukturieren wir Organisationen und wie stellen wir sie auf den zunehmenden Veränderungsdruck ein (Kapitel 3)? Wie inszenieren wir Strategie, wie richten wir die Organisation aus (Kapitel 4)? Und wie messen wir und steuern über Zahlen (Kapitel 5)?

Kapitel 3

Mit sofortiger Wirksamkeit

"The map is not the territory."
Alfred Korzybski

Dass Organisationen immer noch überwiegend als Mechanismus und nicht als lebendiges soziales System verstanden werden, zeigt sich in der großen Bedeutung, die ihrer statischen Visualisierung beigemessen wird: dem *Organigramm*. Kästchen mit Namen und Linien – so aufgeräumt, so eindeutig, so schön. Man weiß, wo man hingehört, wer der Vorgesetzte ist, wie die eigene Abteilung heißt und was in der Jobbeschreibung steht. Nichts also steht dem einzelnen Rädchen im Wege, loszudrehen im gut geölten Getriebe.

Das Organigramm erfüllt durchaus wichtige und hilfreiche Funktionen. Es schafft Klarheit, gibt Orientierung und reduziert Komplexität. Aber es wird auch massiv überschätzt. Die Hoffnung, mit statischen Organigrammen und eindeutigen Berichtslinien die Dynamik der Organisation wie in einem Bauplan auf Papier bannen zu können, scheitert immer krachender an der Realität. Denn zu dieser Realität verhält sich ein Organigramm in etwa wie der Netzplan der Berliner U-Bahn zu der echten, lebendigen und chaotischen Stadt, in die man tritt, wenn man die Bahnhofstreppe hochkommt. Mehr als eine grobe Orientierung leistet der Plan nicht – und das soll er auch gar nicht.

Organisationsstrukturen sollten deshalb als das anerkannt werden, was sie sind: ein vereinfachtes, abstraktes Bild, mit dem zwar einige Fragen beantwortet werden, aber nicht alle und immer weniger die wesentlichen. Je schwieriger es wird, dynamische Kooperations- und Kommunikationsbeziehungen in Boxen und Linien abzubilden, desto mehr schafft die Orientierung an der reinen Struktur nur eine Illusion von Kontrolle.

Re-Re-Re-Organisation

Welche überhöhte Bedeutung der Formalstruktur der Organisation und den konstituierenden Elementen wie Berichtslinien, Levels oder Führungsspannen bis heute beigemessen wird, zeigt die Allgegenwärtigkeit von *Reorganisationen*. Wer in einem großen Unternehmen arbeitet, kennt das Prozedere: Im Postfach landet eine E-Mail mit dem Betreff „Organizational Announcement". Nach ein paar Worten der Einleitung steht das (vermeintlich) Wesentliche:

Executive Meier berichtet nun an Vorstand Müller und ist ab jetzt auch für Innovation verantwortlich. Executive Schmidt, der eigentlich für Innovation verantwortlich war, hat entschieden, sein Glück außerhalb unserer Organisation zu suchen. Dafür wünschen wir viel Erfolg!

Nicht selten findet man die Formulierung „mit sofortiger Wirksamkeit" (*effective immediately*). Auch wenn dies vielleicht nur eine Floskel ist, so ist sie doch vielsagend. Natürlich bedeutet das, dass etwas sofort in Kraft gesetzt wird. Aber sind diese Änderungen wirklich wirksam und das sogar sofort? Sieht man die Organisation durch die technokratische Brille, dann wirkt es sicherlich so. Denn wenn die Organisation das ist, was man auf dem Bauplan sieht, dann kann sie ad hoc verändert werden, wenn man diesen neu zeichnet.

Es gibt oft gute Gründe dafür, einen Bereich neu zu strukturieren, etwa neue Geschäftsmodelle, Prozesse oder Produkte. Nicht immer ist eine schrittweise Änderung sinnvoll, manchmal braucht es den klaren, ja auch schmerzhaften Schnitt. Aber nur ein Teil der zahlreichen Reorganisationen wird ausgelöst durch die ganz großen tektonischen Verschiebungen im Markt und in der Unternehmensstrategie. Häufiger sind Reorganisationen ein Versuch, den Fokus der Organisation zu re-kalibrieren (Zentralisierung oder Dezentralisierung), auf neue Herausforderungen zu reagieren (Innovation, Digitalisierung), sich stärker am Kunden auszurichten oder Produkte besser zu integrieren. Und nicht selten geht es auch einfach darum, dass die Bereiche Führungskräften auf den Leib geschneidert werden, deren nächster Karriereschritt einen größeren (oder kleineren) Verantwortungsbereich mit sich bringen soll.

Das Umstrukturierungs-Paradox

Auf Vorstandsebene wird die Verschmelzung von zwei Bereichen gerne als großer strategischer Wurf inszeniert. Aber was macht das mit den Menschen in den Abteilungen? Vom großen Wurf kommt auf der Arbeitsebene meist sehr wenig an – außer vielleicht Unruhe und einer neuen *OrgID Nummer*. Das hat auch damit zu tun, dass die Auswirkungen von Umstrukturierungen oft bewusst heruntergespielt werden. Veränderungen erzeugen

Widerstände. Damit diese nicht ausufern, werden Betriebsrat und Mitarbeiter beschwichtigt: Keine Sorge, es ändert sich *nur* die Struktur. Die tägliche Arbeit bleibt davon unberührt. Wundert es da, wenn der Wirksamkeit der Veränderung Grenzen gesetzt sind?

Wir sehen hier einen paradoxen Effekt: Die Bedeutung der formalen Hierarchie wird umso stärker ausgehöhlt, je öfter sie verändert und je verzweifelter ihre Wichtigkeit betont wird. Eigentlich logisch: Warum sollte sich ein Mitarbeiter an etwas orientieren, das morgen wieder anders sein könnte? Das positive Potenzial der Hierarchie, die Klarheit und Orientierung, nimmt mit der immer kürzeren Halbwertszeit der Formalstruktur stetig ab. Die Menschen orientieren sich dann zunehmend an dem, was wertbeständiger und stabiler ist: an ihren kollegialen Beziehungen und Netzwerkstrukturen. Diese informellen Strukturen werden zu einer Art Fluchtwährung, je mehr das Vertrauen in die Hauptwährung (formale Hierarchie) bröckelt. Die Inflation der Reorganisationen wirkt also wie eine ständige Abwertung der Formalorganisation.

Es ist nicht nur ein subjektiver Eindruck, dass der Umbau der formalen Struktur auf der operativen Ebene oft kaum Spuren hinterlässt. Ein junger Forschungszweig der Sozialwissenschaften, die Netzwerkanalyse, untermauert diese Beobachtung. Durch Netzwerkanalysen wird empirisch beobachtbar, wer mit wem wie häufig und auf welche Weise kommuniziert. Dadurch entsteht ein Bild von der tatsächlichen Kooperation. Vergleicht man die Muster vor und nach einer Reorganisation, lässt sich erkennen, ob diese überhaupt einen Unterschied gemacht hat.

Der Wirtschaftswissenschaftler Olaf Rank analysierte das Netzwerk eines Unternehmens, bevor eine mittlere Management-Ebene eingezogen wurde und danach. Das Ergebnis ist augenöffnend: Die Reorganisation veränderte das Kooperationsverhalten nur geringfügig. Der Effekt, den man sich durch die Neuordnung versprochen hatte, stellte sich nicht ein. Eher war das Gegenteil der Fall: Wichtige informelle Strukturen wurden durch die Reorganisation beschädigt und relevante Kommunikationsflüsse gekappt. Erst das aktive Einwirken auf das Rollenverständnis und die Entscheidungsprozesse der Beteiligten führte zu einer positiven Veränderung.

Aber gehören Reorganisationen und das permanente Verschieben, Auflösen und Zusammenlegen von Abteilungen nicht einfach dazu? Muss man diese Dynamik nicht akzeptieren, wenn man sich auf einen Job in einer großen Firma einlässt? Einerseits: ja. Veränderungen sind unvermeidlich, ihre Notwendigkeit nimmt eher zu. Wirtschaftliche Krisen, Übernahmen, Fusionen und strategische Neuausrichtungen gehören zum Geschäft. Entlassungen und das Verschieben von Ressourcen sind zentrale Werkzeuge zur Wahrung der Wirtschaftlichkeit und Existenzsicherung einer Organisation. Wenn das Auto zum Computer wird und das Handy zur Bankfiliale, dann hat das fraglos massive Auswirkungen auf die betroffenen Unternehmen.

Aber der Umbau der formalen Organisation darf nicht die einzige Antwort auf die zunehmende Dynamisierung bleiben und nicht zum Selbstzweck werden, damit Führungskräfte wirkliche Veränderung vortäuschen können. Denn die Nebenwirkungen und Kosten von Reorganisationen stehen in einem sehr schlechten Verhältnis zu ihrer Wirksamkeit.

Risiken und Nebenwirkungen

Die Nebenwirkungen und Kosten großer Umstrukturierungen sind schwer messbar und oft versteckt. Der Betrag für Beratungsaufträge, Abfindungspakete und die teure Aufmerksamkeit des oberen Managements beziehungsweise der Vorstände sind dabei noch am offensichtlichsten. Etwas getarnter sind die hohen Transaktions- und Opportunitätskosten, die durch vorübergehende Produktivitätsverluste, aufwendige Abstimmungsprozesse und erhöhte Fluktuation entstehen. Und das sind nur die direkten wirtschaftlichen Kosten.

Noch mehr sollte uns aber beunruhigen, was mit den Menschen passiert. Wenn man davon ausgeht, dass Unternehmen auch eine Verantwortung für ihre Mitarbeiter tragen (und das tun sie), dann müssen auch die psychologischen und gesundheitlichen Folgen unter die Lupe genommen werden. Viele Fälle von Burnout bzw. Erschöpfungsdepressionen stehen im Zusammenhang mit Um- und Restrukturierungen. Das ist nicht alleine damit erklärt, dass Veränderungen den eigenen Arbeitsplatz bedrohen können und diese Sorge natürlich gesundheitliche Folgen haben kann. Es geht darüber hinaus.

Reorganisationen untergraben im großen Stil zentrale gesundheitsförderliche Aspekte menschlicher Arbeit. Dies gilt insbesondere, wenn sie ohne die Beteiligung der Betroffenen erfolgen. Wenn man in zunehmend geringeren Abständen wie ein Rädchen im Getriebe von links nach rechts versetzt wird, einen neuen Manager, eine neue Rolle übergestülpt bekommt, dann untergräbt das die eigene Autonomie, soziale Einbettung und professionelle Identität. Hinzu kommt, dass neue Strukturen und neues Management dazu führen, dass automatisch Ziele hinterfragt und Projekte unterbrochen oder gestoppt werden. Ausgehandelte Verantwortlichkeiten und aufgebautes Vertrauen gehen verloren. In der Burn-out-Forschung hat sich gezeigt: Dies sind gerade in hoch dynamischen Kontexten die Faktoren, die es Mitarbeitern ermöglichen, gesund und leistungsfähig zu bleiben. Reorganisationen verbrennen also vermutlich nicht nur viel Geld, sondern auch Menschen.

Wir, die Autoren, kennen das aus eigener Erfahrung. Kaum etwas hat uns in der Vergangenheit so ruckartig den Stecker gezogen wie Reorganisationen, in denen wir vor allem Betroffene und nicht Beteiligte waren. Man könnte annehmen, der vorübergehende Stillstand hätte uns erlaubt, uns mal eine Pause zu gönnen und abzuwarten. Aber Stress und Burn-out sind eben nicht allein eine Frage der absoluten (zeitlichen) Belastung. Im Gegenteil: Kaum etwas kann einen Menschen so zermürben wie Orientierungslosigkeit oder erzwungenes und nicht selbst gewähltes Nichtstun. Gerade wer sich mit seiner Rolle identifiziert und stark intrinsisch motiviert ist, braucht eine klare Ausrichtung, gepaart mit einem hohen Maß an Autonomie. Wenn diese Aspekte durch Fremdsteuerung, Unsicherheit und einen Mangel an Wertschätzung untergraben werden, dann kann die Balance zwischen dem, was uns Kraft gibt, und dem, was sie uns entzieht, sehr schnell kippen.

Die (positive) Wirkung von Änderungen der formalen Organisation wird also *über*schätzt, denn sie sind eben nicht „effective immediately". Gleichzeitig *unter*schätzen wir auf dramatische Weise die wirtschaftlichen und gesundheitlichen Risiken.

Anpassung und Emergenz

Was ist also die Alternative? Ein Unternehmen kann heutzutage wohl kaum dauerhaft stabil bleiben, sich also nicht verändern. Aber es kann auf kontinuierliche Anpassung und organische Veränderung setzen. Hier liegt nach unserer Überzeugung der Schlüssel: Erst wenn wir lernen, die Anpassungsfähigkeit der Organisation selbst zu steigern, werden wir aus dem Teufelskreis wiederkehrender Reorganisationen ausbrechen können.

Zukunftsfähige Organisationen sind so gestaltet, dass sie sich in kleineren Schritten, also emergent und iterativ, an veränderte Umstände anpassen. Dafür braucht es genau den Wandel, den wir in diesem Buch beschreiben: mehr Selbstorganisation und verteilte Führung. Nehmen wir das Beispiel einer einfachen, aber kraftvollen Methode aus dem Kontext der agilen Softwareentwicklung: die **Retrospektive**. Die Kernidee dieser Methode ist, gemeinsam und transparent auf der Meta-Ebene zu reflektieren, wie die Zusammenarbeit gelaufen ist – zum Beispiel in den letzten zwei bis drei Wochen oder auch Monaten. Die Beteiligten sammeln Daten, bilden Hypothesen und Schlussfolgerungen und entscheiden gemeinsam über einige gezielte Änderungen, die sie vornehmen wollen. Dies erfolgt so regelmäßig, dass eine kontinuierliche Entwicklungsschleife entsteht.

Was hat die Retrospektive mit Umstrukturierungen zu tun? Diese zwei Prozesse liegen auf verschiedenen Etagen: der eine auf Teamebene, der andere auf der Leitungsebene des Unternehmens. Und doch besteht ein Zusammenhang: Je lernfähiger und anpassungsfähiger die Organisation in ihren einzelnen Zellen ist, desto geringer ist der Bedarf für abrupte Veränderungsimpulse von oben. Wenn zum Beispiel eine Marketingabteilung ihre Rollen und Teamkonstellationen kontinuierlich reflektiert und regelmäßig kleinere Anpassungen vornimmt, sinkt die Notwendigkeit für einen ruckartigen Umbau, mit dem *top down* neue Rollen oder Teamstrukturen eingeführt werden.

Der Gründer von Buurtzorg, Jos de Blok, riet uns bei einem Besuch bei SAP dazu, „auf der Logik der täglichen Praxis aufzubauen", anstatt zu viel am Reißbrett zu planen. Selbstorganisation kann dann seine volle Kraft entfalten, wenn wir Emergenz ermöglichen, d. h. wenn Ordnungen und Strukturen spontan und lokal entstehen können anstatt durch zentrale Steuerung. Wenn die Organisation auf diese Weise in kleinen Schritten weiterentwickelt wird, kann sie auf dem Papier erstaunlich stabil, ja sogar statisch wirken. Das Organigramm bleibt unverändert – aber die Anpassung ist natürlich, allgegenwärtig und kein krisenhafter Ausnahmefall mehr.

Leider lässt sich kontinuierliche Veränderung nicht so eindrucksvoll als Führungsspektakel inszenieren wie ein großer Umbau. Umstrukturieren betont die Bedeutung des Managementpersonals und untermauert die Machtposition an der Spitze der Pyramide. Wer beispielsweise als neuer Abteilungsleiter eingestellt wird, bringt den impliziten Auftrag mit, auch die formale Organisation zu verändern. Würde er die Struktur unangetastet lassen, setzte er sich schnell dem Vorwurf aus, keine eigene Vision für die Organisation zu haben.

Aufbau vs. Ablauf

Hilfreich ist der differenzierte Blick auf das Zusammenspiel von Aufbau- und Ablauforganisation. Die *Aufbauorganisation* meint die klassische Struktur, die Verteilung von organisationalen Ressourcen: Wer ist verantwortlich für Ideen zu neuen Softwarelösungen, wer für die Entwicklung, wer für die Qualität und wer für die Wartung? Die *Ablauforganisation* hingegen beschreibt den Wertschöpfungsprozess: wie eine neue Lösung entsteht und wie die verschiedenen Funktionen ineinandergreifen, um am Ende den gewünschten Nutzen beim Kunden zu leisten.

In einer Analogie veranschaulicht ist die Aufbauorganisation die Besetzung des Orchesters, während die Ablauforganisation die Partitur darstellt, nach der gespielt wird und die stets der flexiblen Interpretation bedarf. Beides steht in einem engen Zusammenhang. Aber wir verwenden ein Vielfaches an Zeit und Energie mit dem Hin- und Herrücken der Orchesterbestuhlung und zu wenig mit der Frage danach, in welchem Takt und nach welcher Tonart wir spielen. Natürlich ist die Abgrenzung von Verantwortlichkeiten weiterhin wichtig, aber die Frage nach dem Zusammenspiel, nach der Handhabung von Schnittstellen wird immer wichtiger.

Populär wurde die Unterscheidung zwischen Aufbau und Ablauf bereits durch die Lean-Bewegung der 90er-Jahre, als die Bedeutung des Wertstroms in der Produktion erkannt und auf immer vielfältigere Kontexte übertragen wurde. Heute zeigt sich dieser Perspektivwechsel besonders deutlich, wo Prinzipien der agilen Softwareentwicklung und Methoden wie *Scrum* angewandt werden. Wer agil arbeiten will, beschäftigt sich primär mit Fragen zum Takt und Prozess der Zusammenarbeit: Welche Rollen werden gebraucht (*Scrum Master, Product Owner*), in welchem Rhythmus wird geplant (*Sprints*) und wie wird regelmäßig reflektiert (*Retrospektiven*)? Die Aufmerksamkeit liegt nicht mehr vorrangig darauf, wer wo hingehört und an wen berichtet. Entscheidend ist, dass die passenden Kompetenzen zusammenkommen, die Arbeit effizient und effektiv läuft und kontinuierlich gelernt wird.

Formal vs. informell

Nutzen und Relevanz der formalen Organisation nehmen ab, je dynamischer und unvorhersehbarer das Umfeld wird. Nehmen wir das Beispiel einer komplexen Herausforderung: der Digitalisierung. Viele Organisationen stehen vor der Aufgabe, ihre Produkte, Dienstleistungen und Geschäftsmodelle zu digitalisieren. Die COVID-19-Pandemie hat diesen Druck noch verstärkt. Doch wie bekommt man so ein vielschichtiges Thema – organisatorisch gesprochen – in den Griff?

Gerne wird dieser Frage mit bewährten Denkmodellen begegnet: Ernennung eines Chief Digital Officer und/oder Gründung einer Digitalisierungsabteilung mit entsprechendem Mandat sowie Budget und Ressourcen. Die Verantwortung ist damit klar, die Investitionen sind getätigt – aber ist das Problem gelöst?

Für solche Herausforderungen braucht es den Blick über die formale Organisation hinaus auf die informelle Organisation, also etwa auf die Kollaboration jenseits von Rollenbeschreibungen, über Abteilungsgrenzen hinweg, in Communities und Netzwerken. Spontanes, ungeplantes und eigenverantwortliches Handeln füllt die Lücken, die durch Jobbeschreibungen offengelassen werden. Und es stellt dort wichtige Beziehungen her, wo im Organigramm keine Linie eingezeichnet ist.

In informellen Strukturen wirken Führung, Orientierung und Zugehörigkeit auf anderen Wegen: über gemeinsame Visionen, geteilte Prinzipien, vertrauensvolle Beziehungen und kontinuierlichen Dialog. Die dadurch geformten Verbindungslinien im Netzwerk können wirkmächtiger und langlebiger sein als formale Strukturen. Besonders für komplexe Herausforderungen wie Digitalisierung, Innovation und Strategie liegt hier großes Potenzial. Denn diese Themen betreffen das ganze System und lassen sich nicht an Einzelne delegieren. Hier braucht es vernetzte Lösungen. Doch zu oft wird das Kraftfeld der informellen Netzwerke dem Zufall überlassen, anstatt es bewusst zu gestalten.

Vernetzt und systemisch gedacht wäre beispielsweise ein Experten-Netzwerk beziehungsweise eine offene Community zur Digitalisierung vielversprechender als eine zentralisierte, formalisierte Lösung. In einem solchen Netzwerk kommt dann zusammen, wer wichtige Rollen einnimmt, relevantes Wissen oder Ideen hat. Es wird voneinander gelernt, Beziehungen werden aufgebaut, gemeinsame Strategien und Standards zur Digitalisierung der Organisation werden erarbeitet und umgesetzt. Wenn das nicht ein Freizeit-Projekt bleibt, sondern mit offiziellem Auftrag und Budget erfolgt, können solche Netzwerke echte Verantwortung übernehmen. Sie können als Katalysator für die Digitalisierung wirksamer sein als jede zentrale Einheit, die von außen versucht, dieses Thema in die Organisation zu tragen. Denn ein vernetztes Vorgehen fördert den Dialog, die intrinsische Motivation und Eigenverantwortung. Die Betroffenen werden zu Beteiligten und die Experten jenseits der Machtzentren werden nicht entmündigt. Im Gegenteil: Sie bekommen mehr Verantwortung.

Die Kraft des Netzwerkes

Besonders beeindruckende Beispiele für vernetztes Arbeiten sind in der Open-Source-Welt zu finden. Gemeinnützige Organisationen wie die *Linux-* oder die *Wikimedia Foundation* arbeiten in offenen, dezentralen Netzwerken und widersprechen dabei fundamental dem klassischen Aufbau formaler Organisationen: Ihre Grenzen sind unklar, es gibt kaum feste Rollen und viele Entscheidungen werden von freiwilligen Entwicklern getroffen, die nirgends einen Arbeitsvertrag haben. Die Steuerung und

Abstimmung wird durch klare, ausgehandelte Prinzipien der Zusammenarbeit ermöglicht. Klingt chaotisch? Mag sein – aber es sind Erfolgsmodelle.

Auf diese Weise entsteht Software wie das Betriebssystem *Linux* mit 9 Millionen Zeilen Code und einem aktuell geschätzten Marktwert von 16 Milliarden USD oder die größte Enzyklopädie *Wikipedia* mit über 60 Millionen Artikeln. Wie würde Wikipedia aussehen, wenn die Autoren feste Jobbeschreibungen, hierarchische Vorgesetzte, Zielvereinbarungen und leistungsbezogene Boni bekommen hätten? Das Internet wäre heute nicht dort, wo es ist, wenn Menschen wie Linux-Gründer Linus Torvalds oder Wikipedia-Gründer Jimmy Wales an einem veralteten Bild von Organisationen festgehalten hätten.

Nicht nur in Online-Communities zeigt sich die Kraft des Netzwerkes. Auch in Konzernen entstehen zunehmend dezentrale Initiativen und Communities. Sabine und Alexander Kluge erzählen in ihrem Buch *Graswurzelinitiativen in Unternehmen* unter anderem die inspirierende Geschichte der Lernplattform *LEX*. LEX steht für „Lernen von Experten" und ist ein kollegiales Lernnetzwerk bei der Deutschen Telekom. Es ermöglicht jeder und jedem, ihr Wissen zu teilen, und bietet dadurch ein dynamisches und selbstorganisiertes Lernangebot innerhalb des Unternehmens. Basierend auf einer offenen Plattform für freiwilligen kollegialen Wissensaustausch wurden bisher über 4 400 Lernsessions mit über 100 000 Teilnehmern umgesetzt.

Dieses vernetzte Denken jenseits des Organigramms prägt auch unsere Initiative zu *Unlearning Hierarchy* bei SAP. Unser Ziel ist, vor allem Menschen und Ideen zusammenzubringen und einen gemeinsamen Lernprozess zu moderieren. Wir veranstalten Frühstückstreffen und laden ein zu Expeditionen und wir schaffen die Rahmenbedingungen, damit ein organischer Wandel aus der Mitte des Unternehmens heraus möglich wird. Aber was haben diese ungewöhnlichen Ansätze mit der strategischen Entwicklung eines DAX-Konzerns zu tun? Braucht es nicht ein formales Programm, getrieben vom Vorstand? Ist nicht eine zentrale Einheit vonnöten, welche die gewünschten Arbeitsweisen im großen Stil in die Organisation hineinträgt? Der Verzicht auf all das, der auf den ersten Blick ungewöhnlich erscheint, ist auf den zweiten Blick konsequent. Es wäre paradox, eine Initiative für mehr Selbstorganisation von oben anzuordnen und auf formalen Wegen in die Organisation zu drücken. Das *New Work Movement* hingegen ist ein lebendiges Beispiel für wirksame Selbstorganisation, das neue Wege nicht nur einfordert, sondern sie auch vorlebt.

Es ist offen, ob die SAP sich auf diese Weise nachhaltig verändern wird. Zurzeit erfasst diese Bewegung drei Prozent der Mitarbeitenden. Es sind also noch viele Menschen zu erreichen, bis unter 100 000 Kolleg:innen eine kritische Masse entsteht. Dennoch sind wir überzeugt, dass auf diesem unkonventionellen Weg viele Menschen und Bereiche Teil einer tief greifenden **Transformation** werden. Sehr wahrscheinlich mehr, als es ein Vorstandsprogramm, ausgestattet mit deutlich mehr hierarchischer Macht und formalen Ressourcen, schaffen würde. Denn unsere Community ist voller Kolleg:innen, die aus eigener Überzeugung dabei sind und auf Augenhöhe mitgestalten können, ohne durch ihre Position im Organigramm dafür „vorgesehen" oder „befugt" zu sein.

Ein Organigramm ist am Ende nur eine Landkarte: hilfreich, aber überbewertet. Es ist möglich, das Potenzial jenseits der formalen Organisation zu nutzen – wenn wir uns trauen, loszulassen.

Kapitel 4
Schachmatt

„*Kein Plan überlebt die erste Feindberührung.*"
Helmuth von Moltke

Es ist Montagmorgen. Thomas Mayer sitzt am Arbeitsplatz und trinkt gerade seinen ersten Kaffee. Er öffnet seine Mails und eine Nachricht springt ihm ins Auge:

Absender: Die rechte Hand des Vorstands
Betreff: Deine Chance
Priorität: Hoch

Guten Morgen Thomas,

wir freuen uns, dir mitteilen zu können, dass du als Projektleiter für eines unser wichtigsten Projekte der letzten Jahre benannt wurdest. Wie du weißt, stehen wir unter Druck: Wir verlieren unsere jungen Kunden an innovative und disruptive Wettbewerber. Wir müssen endlich die Digitalisierung unserer Produkte verbessern. Als Fachmann mit langjähriger Erfahrung in diesem Themengebiet bist du genau der Richtige, um dieses Projekt zu leiten.

Wir haben die Top-Strategieberatung DigiConsulting an Bord geholt. Du weißt ja, was die am Tag kosten – daran siehst du, wie wichtig dem Vorstand das Thema ist.

Räume dir bitte schon mal deinen Kalender frei. Ich setze für dich und das Team morgen früh einen Termin auf, dann sprechen wir alles durch.

Viele Grüße,
Die rechte Hand des Vorstands

Die nächsten drei Monate vergehen wie im Flug. Thomas zieht mit den externen Beratern in ein eigenes Büro. Strategische Analysen, Gespräche mit Fachexperten, Reisen durch die politischen Untiefen des Unternehmens und viele investierte Stunden in die Erstellung der finalen Präsentationsunterlagen.

Dank harter Arbeit und guter Vorbereitung wird die Präsentation ein voller Erfolg. Der Vorstand ist begeistert von der scharfen Analyse, der mutigen neuen Digitalisierungsstrategie und dem detaillierten 3-Jahres-Plan. „Jetzt müssen wir ihn nur noch umsetzen", sagt der Vorstand, während er Thomas auf die Schulter klopft.

Es folgt der Rollout. Unter dem Titel „#digitize" produziert die Beratung in Rekordzeit aufwendige Präsentationen und Videos, ja sogar eine eigene Homepage. Die Kampagne ist ein voller Erfolg, das Management lobt die klare Botschaft. „Wie habt ihr das so schnell geschafft?", fragt ein Kollege aus dem Marketing Thomas.

Die Stimmung ist gut beim ersten Treffen des *Steering Committee*, das die Umsetzung der Strategie überwacht. Thomas verspricht maximale Transparenz, ein engmaschiges Reporting wird aufgesetzt, die Fortschritte sollen für alle sichtbar regelmäßig auf der Homepage veröffentlicht werden.

Doch die anfängliche Euphorie legt sich schon nach acht Wochen. Die Umsetzung läuft schleppend an, der ambitionierte Zeitplan ist kaum noch einzuhalten. Die ersten Meilensteine mussten schon zweimal nach hinten verschoben werden. Was ist da los? „Überkommunikation ist der Schlüssel", sagen die Berater, „Menschen sind eben veränderungsresistent." Eine zweite Kommunikationskampagne wird aufgesetzt. „Und wir müssen den Druck erhöhen", sagt der Vorstand. „Es muss klar sein, dass es Konsequenzen hat, wenn man nicht mitzieht." Es werden neue Kennzahlen und Boni in den Zielvereinbarungen aller Führungskräfte verankert, die an die neue Strategie gekoppelt sind.

Mit der Zeit wird der Vorstand ungeduldig. Er will keine roten Ampeln mehr im Projektbericht sehen, sondern endlich Fortschritte. „Wofür haben wir so viel investiert in die externe Beratung?" In der nächsten Mitarbeiterversammlung spricht er das Thema an: „Jetzt ist nicht die Zeit für Zweifel, wir müssen die Strategie endlich umsetzen und aufhören zu diskutieren."

Ein paar Monate später. Es ist wieder Montag, Thomas trinkt seinen Kaffee und mit ungutem Bauchgefühl blickt er auf eine weitere Woche in diesem schwierigen Projekt. Da flattert eine E-Mail ins Postfach: Eine neue *Chief Digital Officerin* (CDO) wurde eingestellt. Sie kommt von einem Konkurrenzunternehmen, das seine Produktpalette erfolgreich digitalisieren konnte. Thomas ahnt nichts Gutes. Und es kommt wie befürchtet: In den nächsten Wochen beansprucht die neue CDO immer mehr Themen für sich. Sie stellt ein eigenes Projektteam zusammen, um endlich eine erfolgreiche Strategie aufzusetzen. Thomas, sein Team und ihr Ansatz sind nicht mehr gefragt. Und das Spiel geht von vorne los.

Jetzt nur noch umsetzen

Diese Geschichte wird vielen bekannt vorkommen. Wir haben sie jedenfalls so oder ähnlich immer wieder erlebt. Auch wir haben mit großem Aufwand strategische Konzepte erarbeitet und dem Vorstand vorgestellt. Mit der Verabschiedung der Strategie ist die vermeintlich wichtigste Hürde genommen. Jetzt heißt es: *nur* noch umsetzen. Einmal haben wir nach der Vorstandspräsentation sogar eine Magnum-Flasche Champagner und jeder im Team eine Apple Watch geschenkt bekommen, als Wertschätzung für wochenlange Extrameilen des Teams. Doch zu diesem Zeitpunkt war unsere Strategie eigentlich noch nicht viel mehr als ein schicker Foliensatz. Ein Grund zum Feiern?

In der Umsetzung strauchelte das Team dann: Wichtige Kolleg:innen wurden vom Projekt abgezogen, das Interesse des Vorstands ließ nach, die wochenlangen Extrameilen hatten uns erschöpft. Die wahren Unvorhersehbarkeiten und Wechselwirkungen in der Umsetzung hatten in den knackigen PowerPoint-Folien kaum Platz gefunden. Wir hatten ein gutes Konzept erarbeitet, aber war das erfolgreiche strategische Arbeit?

Wie entsteht diese große Diskrepanz zwischen dem, was in glänzenden Strategiepräsentationen steht, und dem, was sich wirklich verändert? Und was hat das mit Hierarchie und Selbstorganisation zu tun?

Schachspiel

Gibt man in der Google-Bildersuche das Wort „Strategie" ein, taucht ein Symbol mit Abstand am häufigsten auf: die Schachfigur. Und das sagt sehr viel darüber aus, wie wir uns einen Strategen vorzustellen pflegen: als Schachspieler, der die Situation auf dem Schachbrett analysiert und seine nächsten Züge plant. Hochintelligent, ein Meister der Analyse, rechnet er mit konzentriertem Blick alles durch und bewegt seine Figuren übers Feld. Und dann: der entscheidende, geniale Zug! Schachmatt!

Strategieentwicklung wird gerne inszeniert als faktenbasierte Analyse, mündend in einen Plan, der dann *nur* noch umgesetzt werden muss. Strategieabteilungen, Projektteams und externe Beratungen vermessen das Spielfeld und geben dann die Taktik vor, gegossen in Hochglanz-Unterlagen. Unter Fanfaren werden die Anweisungen in die Organisation ausgerollt.

Es gibt kaum ein komplizierteres, vielschichtigeres Spiel als Schach. Trotzdem gelang es dem Schachcomputer *Deep Blue* 1996, den Schachweltmeister Garri Kasparow zu schlagen. Denn Schach ist maximal berechenbar. Alle Eventualitäten lassen sich entlang den Regeln und Restriktionen vorhersehen. Wie passt das zur komplexen Realität heutiger Organisationen? Wo bewegen wir uns noch in derart vorhersehbaren Bahnen?

Planungsgläubigkeit

Ja, es braucht Orientierung. Eine Organisation braucht eine Vision, einen Polarstern, an dem sie sich ausrichtet. Man kann kaum erfolgreich sein, wenn jeder in eine andere Richtung unterwegs ist oder diese ständig wechselt. Und im selben Sinne sind Analysen, Vorhersagen und Planungsprozesse wichtig. Es erfordert einen wachen Blick in Richtung der Kundenbedürfnisse, intelligente Daten, eine klare Position am Markt gegenüber Wettbewerbern. Lieb gewonnene, ja sogar wirtschaftlich erfolgreiche Produkte oder Marken müssen auch mal geopfert werden im Dienste einer strategischen Priorisierung und eines konsequenten Gesamtkonzepts. Es reicht nicht, darauf zu vertrauen, dass die Organisation von alleine ihren Weg findet.

Trotz der verständlichen Sehnsucht nach verlässlichen Prognosen und nach Stabilität und Gewissheit sollten Unternehmen und ihr Top-Management ihre Planungsgläubigkeit überdenken. Sie sollten sich zukunftsgerichtet dem Dilemma stellen, dass Strategie heute immer mehr bedeutet, eine Wette auf eine Zukunft zu platzieren, die man nicht kennt. Oder um es mit den Worten des Soziologen und Systemtheoretikers Niklas Luhmann zu sagen: „Die Prämisse von Organisationen ist das Unbekanntsein der Zukunft und der Erfolg der Organisation liegt in der Behandlung dieser Ungewissheit."

Nach unserer Überzeugung braucht es im Umgang mit der Ungewissheit mehr als die Strategieunterlage, das Beratungsprojekt oder die Kampagne, die vom internen Strategiestab angeordnet wird. Wenn über „Ausrollen" gesprochen wird, dann wird nur in eine Richtung gedacht. Die Strategieentwicklung und -umsetzung eines Unternehmens sollte aber weder rein sequentiell noch als Einbahnstraße konzipiert sein. Der Dialog und die kontinuierliche Anpassung sind mindestens genauso wichtig wie die initiale Ausrichtung – heute sogar oft wichtiger, wenn wir das oben beschriebene Dilemma auflösen wollen. Dennoch investieren wir ein Vielfaches an Energie auf das, was *vor* der Vorstandspräsentation passiert, als auf das, was *danach* kommt.

Und es wäre ein Riesenschritt, wenn man sich ehrlich eingestünde, dass man schlicht viel weniger vorhersehen und planen kann, als einem lieb wäre. Und dass die Umsetzung einer neuen Strategie nicht ohne Weiteres kontrolliert oder erzwungen werden kann.

Stetiges Vorantasten

Ein eindrucksvolles Beispiel für einen zukunftsfähigen Ansatz in puncto Strategieentwicklung und -umsetzung ist die Entstehungsgeschichte der „Discover Weekly" Playlist bei *Spotify*. Basierend auf Algorithmen, die auf dem Hörverhalten des Nutzers aufsetzen, generiert Spotify jede Woche eine personalisierte Playlist mit 30 Titeln, die dem Nutzer gefallen könnten. Kein Konkurrent hat ein vergleichbares Feature mit einer auch nur annähernd hohen Trefferquote.

War dieses Feature eine Idee des Vorstands, seiner Stäbe und eines Haufens Strategieberater, die sich über Nacht in einen Raum eingeschlossen und es anschließend mit Trommelwirbel in die Organisation geschmissen hatten? Hatte der CEO Daniel Ek etwa einen *Heureka*-Moment unter der Dusche? Skizzierte er das Feature für sein Produktteam am Whiteboard und stand dann bei seiner Veröffentlichung allein auf der Bühne?

Im Gegenteil! Denn wenn es nach Ek gegangen wäre, hätte es die Funktion gar nicht in die App geschafft:

> *„Ich hätte es nicht umgesetzt, wenn es nach mir gegangen wäre. Hundert Prozent. Ich habe die Schönheit der Sache nie wirklich gesehen. Ich habe die Leute zwei, drei Mal gefragt: Seid ihr sicher, dass ihr das wirklich tun wollt? Warum investieren wir all diese Zeit und Energie? Eine Zeitlang haben wir dem Team keine weiteren Ressourcen in Form von Personal zur Verfügung gestellt, aber*

sie haben trotzdem weiter daran gearbeitet. Und plötzlich haben sie es ausgeliefert. Ich erinnere mich, dass ich es eines Morgens in der Zeitung las. Ich dachte, oh, das wird eine Katastrophe. Und dann stellte sich heraus, dass es ein echter Erfolg war. Es ist eines der beliebtesten Features, das wir haben. Es gibt viele Dinge in diesem Unternehmen, die ich nicht für eine gute Idee hielt, die sich dann aber zu den besten entwickelt haben."

Aus dem Spotify-Beispiel können wir hilfreiche Leitplanken für erfolgreiche Strategiearbeit ableiten. Einige hat der CEO ganz bewusst in die Organisationskultur verankert. Andere ergeben sich fast schon automatisch, wenn man sich erst einmal von der tradierten Vorstellung verabschiedet, wie Strategieprozesse abzulaufen haben – nämlich dass Strategiefindung und das „Design" der strategischen Festlegung Kernaufgabe des Top-Managements sind, während die Umsetzung der restlichen Organisation obliegt.

Unternehmen wie Spotify, die Selbstorganisation vorleben, denken und handeln durchgängig und auf vielen Ebenen strategisch, nicht nur während der Managementklausur im Januar. Sie verstehen die gemeinsame Ausrichtung als systemischen Prozess und als kontinuierlichen Dialog, gepaart mit gezielten Experimenten. Die Organisationen haben gelernt, sich von der Logik des „Vorhersehens und Kontrollierens" zu lösen und mehr auf das „Wahrnehmen und Anpassen" zu vertrauen. Für sie bedeutet Strategieentwicklung damit weniger, dass Wetten auf und Planungen für eine unbekannte Zukunft gemacht werden, sondern dass die gesamte Organisation lernt, enger in Resonanz mit den permanenten Veränderungen innerhalb und außerhalb der Unternehmensgrenzen zu navigieren. Und dafür braucht es mehr kleine Anpassungen und weniger große Würfe.

Kurze Zyklen

Es fängt damit an, dass man sich angewöhnt, in kürzeren Zeiträumen zu denken. Damit wird akzeptiert, dass man nicht mehr genau wissen kann, wo man in zwei Jahren stehen wird. Der Plan, so gut er auch sein mag, ist nur eine Momentaufnahme. Je weiter in die Zukunft vorausgeplant und je rigider der Plan verfolgt wird, desto größer ist das Risiko, mit Scheuklappen in die falsche Richtung zu laufen. Kleine Schritte hingegen erhöhen die Anpassungsfähigkeit. Gerade in schwer vorhersehbaren Umgebungen reduzieren sie das Planungsrisiko. *Sprints* im *Scrum* führen zu neuen *Releases* innerhalb weniger Wochen. *Flickr*, die Fotomanagement-Plattform, lieferte schon 2009 mehr als zehnmal am Tag neue Softwareversionen an seine Nutzer aus. Zurzeit findet die Methode der Objectives and Key Results (OKRs) in deutschen Unternehmen viel Anklang. Nutzt man OKRs, werden quartalsweise Ziele (*Objectives*) und dazugehörige messbare Ergebnisse (*Key Results*) innerhalb von Teams und Bereichen erarbeitet und verfolgt. Gut umgesetzt kann dieser Ansatz helfen, anpassungsfähiger und agiler zu planen.

Experimentieren

Damit verbunden ist die zunehmende Abkehr von der Idee eines „Big Bang" zugunsten vieler Einzelexperimente, über die man sich vorantastet. Strategische Annahmen werden getestet und wieder verworfen. Strategie A wird in der einen Kundenstichprobe und Strategie B in einer anderen lanciert. Diese sogenannten A/B-Tests gehören oft schon seit der Gründung zum Kern der Strategiearbeit innovativer Software- und Plattformunternehmen. Auch im Konsumgüterumfeld ist dieses Testverfahren weit verbreitet. So wird etwa die verkaufsfördernde Wirkung neuer Verpackungen parallel in verschiedenen stationären Handelsgeschäften und Märkten getestet. Die Resonanz der Kunden zeigt, wo man auf dem richtigen Weg ist. Wie im Beispiel oben bestimmt konsequenterweise keine Strategieabteilung und auch nicht der Produktchef, ob eine neue Playlist-Funktion eingeführt wird. Sondern die Nutzer selbst entscheiden, indem sie die Playlist abspielen – oder eben nicht.

Natürlich kann nicht jedes Unternehmen auf diese maximal flexible Weise experimentieren. Aber unabhängig von Branche und Produkt sollten Entscheidungen stärker auf Basis von Daten und Expertise getroffen werden, anstatt den hierarchischen Machtkampf entscheiden zu lassen oder auf die hellseherischen Fähigkeiten der Strateg:innen zu hoffen. Ob ein Unternehmen strategisch langfristig erfolgreich ist, hat immer mehr mit seiner Lernfähigkeit und -bereitschaft zu tun und immer weniger mit der Qualität seiner Pläne.

Im Dialog

Auch der beste Plan ist nichts wert, wenn Mitarbeiter:innen und Führungskräfte ihn nicht umsetzen können oder wollen. Es ist von elementarer Bedeutung, dass Menschen das Gefühl haben, ein Teil der Lösung zu sein, anstatt sich zu unmündigen Umsetzern degradiert zu fühlen.

In unserer Geschichte vom Anfang des Kapitels ist der Erfolg von Thomas' Projekt stark davon abhängig, dass und wie das Management mitgeht. Typischerweise wird der skeptische Teil des Managements mit Zuckerbrot und Peitsche, also Zielvereinbarungen und Boni, auf die Strategie eingestellt. Vermutlich fielen dabei Phrasen wie „aufgleisen" und „in die Spur bringen". Daran zeigt sich wieder unser tief verankertes Bild: Die Menschen – selbst die im Management – sind kleine Rädchen im Uhrwerk, die es einzustellen gilt, gesteuert durch Belohnung und Bestrafung. Widerstände und Rückfragen gilt es zu vermeiden.

Eine Strategie wird aber erst dann wirksam, wenn Menschen sie mit vielen kleinen Entscheidungen zum Leben erwecken, und das aus Überzeugung. So etwas können Schachfiguren nicht. Wertgeschätzte Individuen hingegen schon. Mitdenkende Mitarbeiter und Führungskräfte und ihre Fragen sind also nicht Teil des Problems, sondern Teil der Lösung. Sie haben Wissen, sie kennen den Kunden, den Markt, die Produkte – oft sogar besser als das Management, denn sie erleben es täglich hautnah. So hätte Thomas zum Beispiel gemeinsam mit dem Management erarbeiten können, welche Kräfte einer erfolgreichen Digitalisierung der Organisation eigentlich im Wege stehen. Strategien, die in einem solchen Dialog entstehen, sehen jedoch meistens anders aus. Nicht so schön klar und konsequent, sondern mit mehr offenen Fragen. Und es würde wahrscheinlich etwas länger dauern. Beides könnte den Eindruck vermitteln, dass man Zeit verliert oder sich nicht sicher ist, ob die Strategie die richtige ist. Und all das passt nicht in unser Bild von heroischer Führung und „Execution". Doch diese Art Dialog bringt eine Organisation deutlich weiter als jeder aufpolierte 3-Jahres-Plan.

Wir wissen es nicht

Die zentrale Frage ist, ob sich zunehmend mehr Vorstände, Strategen und Projektleiterinnen zu sagen trauen: „Wir wissen es nicht, wir müssen es ausprobieren." Diesen hohen Preis sind viele nicht gewillt zu zahlen, denn es widerspricht ihrem Selbstverständnis als Unternehmenslenker:innen. Je detaillierter der Plan und je schwungvoller der Rollout, desto besser wird die Illusion von Kontrolle und das Bild des genialen Schachzugs bedient.

Das Spotify-Beispiel zeigt auch, dass beim Thema Strategie kein Weg am dezentralen Prinzip der Selbstorganisation vorbeiführt. Man kann datenbasiert entscheiden, in kürzeren Zyklen planen und Beteiligung ermöglichen. Wenn das Management aber alle Fäden zentral in der Hand behalten will, führt das höchstens in einen bürokratischen Albtraum und zur Scheinbeteiligung. Die Organisation wird dadurch nicht beweglicher. Das zeigt sich zum Beispiel darin, wie die genannten OKRs in vielen Fällen eingesetzt werden: nämlich halbherzig. Denn konsequent umgesetzt würde diese Methode zu einem Macht- und Kontrollverlust im oberen Management führen. Und diesen Verlust sind die heutigen Entscheider:innen und Strateg:innen oft nicht bereit zu akzeptieren.

Ein Kernprinzip von OKRs ist, dass diese nicht von oben nach unten vorgegeben werden, sondern ein Team setzt seine Ziele selbst – natürlich im Austausch mit oben, aber auch mit links und rechts. Angesichts dessen scheinen sich viele Top-Manager zu fragen: Wie soll ich denn dann noch steuern? Folgerichtig entkernen sie den Ansatz, indem sie doch wieder Ziele von oben vorgeben, doch weiterhin die Ziele zur Beurteilung von Leistung nutzen, nur jetzt eben mit zusätzlichen Kennzahlen (*Key Results*) und quartalsweise.

Echte Beweglichkeit entsteht aber erst, wenn Macht und Verantwortung dezentral in die Teams verteilt, also losgelassen werden. Wenn wichtige Entscheidungen näher am Kunden getroffen werden können, entsteht automatisch eine höhere Resonanz mit den Veränderungen in der Außenwelt. Natürlich darf dies nicht willkürlich geschehen, sondern muss sich orientieren an der strategischen Vision und im offenen Dialog mit allen Stakeholdern. Dann sind hohe Autonomie *und* ein hohes Maß an Abstimmung möglich. Denn diese sind kein Widerspruch, sondern ihr Zusammenspiel ist vielmehr ein Kernprinzip erfolgreicher Selbstorganisation.

Wie also sollten wir uns erfolgreiche Strategiearbeit vorstellen? Statt an die Schachfigur sollten wir vielleicht eher an eine Band denken, die zusammen jammt, sich eingroovt und gemeinsam ein neues Stück entwickelt. Ein kreativer Prozess, aber kein chaotischer. Er verläuft selbstorganisiert und iterativ. Doch auch hier gibt es klare Leitplanken und Strukturen, an denen man sich orientiert. Man weiß, ob man Rock, Jazz oder Funk spielt. Man folgt einem gemeinsamen Takt und Rhythmus, man hat eine Melodie und alle spielen und beherrschen ihr Instrument. Und dann kann etwas entstehen, das gut klingt.

Kapitel 5

What gets measured, gets done

„Nicht alles, was zählt, kann gezählt werden,
und nicht alles was gezählt werden kann, zählt."
Albert Einstein

Im Jahre 1902 litt die vietnamesische Stadt Hanoi unter einer gefährlichen Rattenplage. Um die Bevölkerung zur Bekämpfung der Plage zu motivieren, verkündete die französische Kolonialregierung: Jeder, der einen Rattenschwanz abliefert, bekommt eine Prämie. Viele Rattenschwänze wurden eingetauscht, doch die Rattenplage ließ nicht nach. Stattdessen wurden vermehrt Ratten ohne Schwänze entdeckt. Was war passiert? Die Vietnamesen schnitten den Ratten die Schwänze ab, ließen sie aber am Leben. Nur so konnten sie sich weiter vermehren und die Quelle der wertvollen Rattenschwänze blieb erhalten. Das eigentliche Ziel, die Rattenplage einzudämmen, wurde weit verfehlt.

Heutzutage fallen die Belohnungssysteme komplexer aus. Was bleibt, ist jedoch ihre fragwürdige Wirkung: Die Fernsteuerung über Kennzahlen und die undifferenzierte Kopplung an Anreize führen schnell auf Irrwege. Aber der Glaubenssatz „What gets measured, gets done" prägt das Selbstverständnis und Verhalten von Konzernlenkern noch heute wie kein zweiter. Und je höher man im Untenehmen aufsteigt, desto zentraler wird die Bedeutung dieses Glaubenssatzes. Das hat eine gewisse Logik. Denn je größer und vielfältiger der eigene Verantwortungsbereich, desto schwieriger ist es, alles zu überblicken. Es ist schlicht sehr schwer, tief in die Komplexität jedes Themas, jeder Abteilung oder jedes Geschäftsfelds einzutauchen.

Malen nach Kennzahlen

Stellen wir uns vor, dass in einem Krankenhaus, das in wirtschaftlichen Schwierigkeiten steckt, eine neue Geschäftsführerin eingesetzt wird. Sie hat den Auftrag, das Haus wirtschaftlich zu sanieren, und dafür bleibt nur wenig Zeit. Da ist es doch naheliegend, vor allem über die Zahlen zu steuern und zu analysieren: Welche Abteilungen und Stationen wirtschaften besser? Wo stimmt die Qualität, wo werden Fehler gemacht? Welche Station ist grün, welche gelb und welche rot? Eine Übersicht an relevanten Kennzahlen und Metriken dient ihr als Indikation für die Leistungsfähigkeit und Planerfüllung der einzelnen Bereiche, wovon sie dann gezielt ableiten kann, wo ihre wertvolle Zeit am besten investiert ist.

Außerdem ist ihr klar, dass das Führungsteam, das die aktuelle Situation ja mitverantwortet hat, wohl kaum offen mit den eigenen Fehlern umgehen wird. Menschen haben Schwächen, sie sind eigennützig und vertuschen. Harte Fakten hingegen versprechen Objektivität, Vergleichbarkeit und Transparenz. Wem soll sie also Glauben schenken, wonach soll sie steuern? Natürlich nach dem gut strukturierten Zahlenwerk.

Das passt perfekt in unser Bild vom objektiven, analytischen und allwissenden Manager. Dem Schachspieler und großen Strategen, der vor einem Dashboard voller Kennzahlen sitzt und auf einen Blick weiß, was Sache ist. Die Hersteller von Unternehmenssoftware bedienen gerne dieses Bild: Entscheider:innen können wichtige Kennzahlen und Daten in Echtzeit verfolgen, um ihr Unternehmen noch engmaschiger zu steuern. Wir haben selbst erlebt, mit welcher Genugtuung Top-Manager ihr Handy zücken, eine App öffnen, auf die Zahlen zeigen und sagen: „Das sind Live-Daten!" Aber was auf den ersten Blick so faszinierend und auch logisch erscheint, entpuppt sich bei genauerem Hinschauen als eines der gefährlichsten Muster der heutigen Managementkultur.

Die Religion der Metriken

Daten sind überall. Alles produziert heute Daten – dank des *Internet of Things* (IoT) mittlerweile auch der Fahrradhelm, der bei einem Sturz automatisch einen Notruf absetzen kann. Mit der Menge der Daten wächst auch der Wunsch, die Fülle an Daten zu nutzen, um Unternehmen besser zu steuern. Doch führt das in die richtige Richtung?

Gegen Ende seiner Amtszeit als Co-CEO von SAP entdeckte Jim Hagemann Snabe, dass der deutsche Softwareriese mehr als 50.000 **Key Performance Indicators (KPI)** angehäuft hatte, die sich über jeden Job im Unternehmen ausgebreitet hatten. Snabe war entsetzt. „Wir haben versucht, das Unternehmen per Fernsteuerung zu führen", erinnert er sich. „Wir hatten all diese erstaunlichen Talente, aber wir hatten sie damit indirekt gebeten, ihr Hirn auf Eis zu legen."

Der amerikanische Professor Jerry Mueller vergleicht in seinem Buch *The Tyranny of Metrics* den Glauben an die Allmacht der

Kennzahlen mit dem Verhalten von Mitgliedern einer Sekte: Obwohl es viele Fragezeichen zur Aussagekraft der Kennzahlen gibt, wird die zentrale Rolle von KPIs nicht hinterfragt. Wer Zweifel äußert, muss sich nicht wundern, wenn er wie ein Ketzer behandelt wird. Wer traut sich schon, in einer Vorstandssitzung zu sagen: „Das können wir nicht in Zahlen ausdrücken, da müssen wir uns auf die Aussage unserer Experten / die Erfahrung unserer Mitarbeiter:innen / unseren inneren Kompass verlassen."?

Das Problem sind nicht die Daten und Kennzahlen an sich. Datenbasiert zu entscheiden wird immer wichtiger, zum Beispiel im Zusammenhang mit den in Kapitel 4 genannten Experimenten und A/B-Tests. Welches Produkt wird wie angenommen, wie ist das Verhalten der Kunden? Welche Marketingkampagne hat wo zum Erfolg geführt? Datenbasierte Entscheidungen unterliegen weniger den individuellen Verzerrungen und der internen Machtpolitik und fallen damit näher am Kunden. Auch die Steuerung finanzieller Kennzahlen, wie sie durch das Controlling erfolgt, ist selbstverständlich nicht wegzudenken aus der unternehmerischen Praxis. Transparenz über Finanzströme wie Investitionen und Kosten sind essenziell für eine gute Unternehmensführung, ganz abgesehen von den rechtlichen Verpflichtungen zur Dokumentation der Finanzströme.

Wir kritisieren also nicht die Kennzahlen. Was wir kritisieren, ist ihre unreflektierte Nutzung zum Fern- und Fremdsteuern von Menschen und Unternehmen.

Sinnvoll messbar?

Kennzahlen bilden das geschäftliche Geschehen oft nur verzerrt und unzureichend ab. Denn nicht alles ist messbar oder kann sinnvoll gemessen werden. Nehmen wir als Beispiel die Leistung einzelner Mitarbeiterinnen und Mitarbeiter. Wie misst man die Leistung von Assistent:innen? An der Zahl der Tastenanschläge? Wie die eines Softwareentwicklers? An der Zahl der Code-Zeilen, die produziert werden? Beides mag absurd klingen, wurde aber in der Vergangenheit tatsächlich so praktiziert. Zum Dauerthema der Bewertung der Leistungsfähigkeit eines Entwicklers sagte Bill Gates einst sinngemäß: „Die Messung des Programmierfortschritts anhand von Codezeilen wäre wie die Messung des Fortschritts des Flugzeugbaus anhand des Gewichts."

Und wie ermittelt man, was eine Vertriebsmitarbeiterin für das Unternehmen bedeutet, der ein redseliger, aber wichtiger Kunde vertraut? An der sekundengenau erfassten Dauer ihrer Kundentelefonate? Implizites Wissen, die Zwischentöne, die Intuition, die Expertise, die Erfahrung, die Kreativität und Innovationskraft, die Begeisterungsfähigkeit – all dies wird zu oft auf dem Altar der Messbarkeit geopfert.

Gemessen wird häufig in erster Linie das, was einfach zu messen ist. Um die Leistung eines Fußballers einzuschätzen, können wir uns die Zahl geschossener Tore, die Vorbereitungen, seine Laufleistung, seine Pass- und Zweikampfquote und viele weitere Faktoren anschauen. Natürlich sind das Indikatoren, die eine Einschätzung und einen Vergleich der Leistung unterstützen. Aber kein Trainer würde auf die Idee kommen, die Leistung eines Mittelfeldspielers nur anhand seiner Passquote zu bewerten, ohne das Spiel gesehen zu haben. Eine Einschätzung ohne Kontext und ohne Expertise ist unzureichend. Doch genau das ist es, was mit Kennzahlen passiert: Sie werden aus dem Zusammenhang genommen und ohne die Einordnung durch Expert:innen genutzt. Sie führen zu einer Vereinfachung, die zu weit geht und dem komplexen Geschehen in einem Unternehmen nicht mehr gerecht wird.

Bewertet werden dann *Input* und *Output*, aber nicht die tatsächliche Wirksamkeit. Nehmen wir das Beispiel der Personalentwicklung. Um einzuschätzen, wie effektiv diese in einer Organisation arbeitet, werden oft die Anzahl der Trainingstage, die Teilnehmerzahlen, Abbruchquoten oder Zufriedenheitsbewertungen herangezogen. Diese Art Kennzahlen werden auch als *vanity metrics* („eitle/sinnlose Kennzahlen") bezeichnet – sie sehen gut aus und schinden Eindruck, bedeuten aber wenig. Denn keiner dieser Faktoren ist ein echter Indikator dafür, welchen Unterschied ein Weiterbildungsprogramm für die Mitarbeiter und die Organisation wirklich bedeutet. Es gibt eine Lücke zwischen dem, was wir messen, und dem, was wirklich zählt. Und diese Lücke ist umso größer, je komplexer und vielschichtiger die Tätigkeit ist, die wir betrachten.

What gets measured gets gamed

Kaum jemand wird der Feststellung widersprechen, dass Kennzahlen der Verzerrung und Vereinfachung unterliegen. Und solange wir das im Hinterkopf behalten – ist da nicht alles in Ordnung? Dann sind Zahlen doch nur ein Hilfsmechanismus, um eine undurchsichtige Lage zu analysieren und objektiv zu entscheiden. Wir quantifizieren, messen und vergleichen dann nur, um ein differenzierteres Bild davon zu bekommen, was los ist, oder?

Leider nein. Denn gemessen wird vor allem, um zu steuern, zu kontrollieren und Anreize zu setzen. In einer reinen marktwirtschaftlichen Logik ist es nur schlüssig: Leistung messbar zu machen und an Anreize zu koppeln fördert das gewünschte Verhalten und steigert dadurch die Effizienz und Effektivität. Wir schaffen einen Markt und dieser soll sich selbst regulieren. Dieses Grundprinzip von *Pay for Performance* ist nicht nur in Wirtschaftsunternehmen allgegenwärtig, sondern hat sich längst auch einen Weg gebahnt ins Gesundheitswesen, ins Bildungswesen und in die Wissenschaft. Damit füttern wir den *homo oeconomicus* und lassen alles andere, was Menschen ausmacht, verkümmern.

Kehren wir noch einmal zurück zur Rattenplage in Hanoi. Wäre es nicht schlauer gewesen, einfach eine intelligentere Kennzahl zu nutzen, indem man Ratten*köpfe* statt Ratten*schwänze* belohnt hätte? Wäre dann nicht zwangsläufig das erwünschte Verhalten hervorgerufen worden – also Ratten zu töten und sie damit zu dezimieren? Vermutlich nicht – eher im Gegenteil. Denn dann hätte die Bevölkerung womöglich angefangen, Ratten regelrecht zu züchten, um ihre Einkommensquelle auf diese Weise zu sichern.

Das Problem ist also nicht, dass es die falschen KPIs sind. Wenn wir Kennzahlen an Anreize koppeln, setzen wir immer erhebliche Kräfte frei. Doch entfalten diese nur in Ausnahmefällen die konstruktive Wirkung, die wir uns erhoffen. Vielmehr führt diese Verbindung dazu, dass Kennzahlen manipuliert werden. Das ehrlichere Mantra wäre daher: „What gets measured gets gamed." Die Kopplung von Metriken und Anreizen greift derart massiv in ein System ein, dass Menschen sich möglicherweise künstlich und unproduktiv zu verhalten beginnen.

In der HBO-Serie *The Wire*, gefeiert für ihr authentisches Porträt der Stadt Baltimore, wird dies anschaulich dargestellt. Die Verantwortlichen der Polizei werden daran gemessen (und dafür belohnt), dass die Anzahl bestimmter Verbrechen sinkt und die Zahl der Verhaftungen steigt. Führt das zu erhöhter Sicherheit in der Stadt? Nein – es führt dazu, dass die Statistik „massiert" wird. In den Worten des Serien-Polizisten Ronald Pryzbylewski: „Raubüberfälle in Diebstähle verwandeln. Vergewaltigungen verschwinden lassen. Wenn die Statistik frisiert wird, wird der einfache Polizist zum Lieutenant." Unter diesen Umständen lohnt es sich mehr, kleine Dealer auf der Straße festzunehmen, als mühsame, jahrelange Detektivarbeit in die Festnahme eines Drogenbosses zu investieren. Die Wirksamkeit wird zweitrangig. Für die Karriere der Verantwortlichen zählen nur die nackten, vordefinierten Erfolgskennzahlen.

Die Darstellung in der Serie ist Fiktion. Aber das Problem ist real. Und es lässt sich durch anonyme Aussagen von Polizisten im Ruhestand bestätigen, wie die *New York Times* herausfand. Und das grundlegende Muster ist allgemeingültig: Wenn Kennzahlen zum zentralen Steuerungsinstrument und Anreize daran gekoppelt werden, dann wird frisiert, optimiert und manipuliert. Dieses Phänomen ist auch in der Unternehmenswelt sehr real: Wenn beispielsweise ein Team aus Softwareentwicklern daran gemessen wird, wie viele Aufgabenpakete es im Rahmen eines Entwicklungszyklus abarbeitet, dann werden die Pakete immer kleinteiliger. Die Leistung steigt nicht, aber die Kennzahl stimmt.

Zu welch negativem Verhalten eine Steuerung und Belohnung der Belegschaft durch kompromisslose und unrealistische Metriken führen, zeigt das Beispiel des US-amerikanischen Finanzdienstleistungsunternehmens *Wells Fargo*, wo zwei Millionen nicht autorisierte Kundenkonten und Kreditkarten ausgewiesen und Produkte und Dienstleistungen unter Vorspiegelung falscher Tatsachen verkauft wurden, *nur* um die geforderten Verkaufszahlen zu erreichen. Die Strafzahlungen und der Unternehmensschaden beliefen sich auf über drei Milliarden USD. Wenn Menschen Ziele vorgegeben bekommen und ihr Job davon abhängt, besteht immer das Risiko, dass sie jene um jeden Preis zu erreichen versuchen, selbst wenn sie dafür das Wohl der Kunden und des Unternehmens aufs Spiel setzen müssen.

Teures Misstrauen

Der Messbarkeitswahn führt laut dem Ökonomen Mathias Binswanger dazu, dass wir „Unsinn produzieren". Oder um es mit dem japanischen Begriff aus der Lean-Bewegung zu bezeichnen: *muda* (Verschwendung). Der Aufwand, der betrieben wird, um Unternehmen und Menschen zu vermessen, ist extrem. Wer jemals Teil eines großen Konzerns war, der weiß, welch gewichtige Rolle das Anfertigen und Teilen von Berichten und Kennzahlen einnimmt. So soll die Komplexität des Geschehens knackig gebannt werden, damit die Führung einen Überblick bekommt und Entscheidungen treffen kann. In den Vorstandsetagen gibt es zahlreiche Rollen, ja ganze Abteilungen, nur für das Bereitstellen von Zahlen und Daten. Auch wir haben in unserer Zeit in Konzernen unzählige Reports ausgefüllt und etliche KPI-Systeme mit Zahlen gefüttert. Keiner der Beteiligten hatte dabei den Eindruck, dass der Aufwand in einem guten Verhältnis zum Nutzen steht.

Oft geht es nämlich gar nicht darum, objektive Daten als Informationsquelle und Entscheidungsgrundlage zu nutzen. Es ist ein Klischee, aber es trifft zu: Sehr viele Reports werden niemals von irgendwem gelesen. Hauptsache, sie sind da. Denn im Kern ist der Messbarkeitswahn von Misstrauen und nicht vom Streben nach Objektivität geprägt. Die unterschwellige Botschaft: „Ich traue euch nicht, ihr könnt ja alles behaupten – zeigt mir lieber eure Zahlen." Oder: „Ich glaube dir nicht, dass du intrinsisch motiviert bist – deswegen belohne und bestrafe ich dich nach zählbarer Leistung."

Wenn die vielschichtige Arbeit eines Menschen auf einige wenige Kennzahlen reduziert wird, dann untergräbt das flächendeckend Motivation und Wertschätzung. Die Tätigkeit wird ausgehöhlt und verkommt zur reinen Transaktion. Wenn ich jemanden demotivieren will, der einen anspruchsvollen, vielschichtigen Beruf ausübt – wie beispielsweise in der Pflege oder eben in einer Managementrolle – dann gibt es kaum einen effizienteren Weg, als dauernd messbare Beweise dafür einzufordern, dass jemand auch wirklich seinen Job macht.

Orientierung und Transparenz

Wie bereits gesagt wäre es falsch, KPIs ihre zentrale Rolle abzusprechen. Für jedes Unternehmen ist es wichtig, zu wissen: Wo stehen wir? Wie schneiden wir im Vergleich zur Konkurrenz ab? Wo läuft es, wo nicht? Und das gilt nicht nur für gewinnorientierte Unternehmen, sondern auch für Non-Profit-Organisationen. Und um diese Fragen zu beantworten, muss man messen, zählen und vergleichen und die daraus resultierenden Daten analysieren, die Kernaufgaben des Controllings. Aber wie sieht ein vernünftiger Umgang mit den erhobenen KPIs aus?

Erstens sollten KPIs vor allem zur Schaffung von Transparenz und zur Diagnose eingesetzt werden und nicht zur Kontrolle und Fernsteuerung. Sie sind eine wertvolle Informationsquelle und helfen, ein objektiveres Bild davon zu bekommen, was los ist. Zahlen sollten eher innerhalb eines Systems genutzt werden, um zu navigieren, anstatt von außen zu steuern. Am Beispiel der Kriminalitätsstatistik aus der Serie *The Wire* würde das bedeuten, dass die Anzahl der Verhaftungen oder gewisser Delikte durchaus eine Rolle spielt und dass es sich lohnt, diese zu erheben. Aber eben ohne die Karriere der Verantwortlichen direkt an eine bestimmte Entwicklung dieser Zahlen zu koppeln. Vielmehr sollten sie innerhalb des Teams dafür genutzt werden, um Probleme zu erkennen, Zusammenhänge zu identifizieren und auch, um Fortschritte sichtbar zu machen und so zu motivieren.

Anstatt etwa die individuelle Leistung von Softwareentwicklern zu optimieren, macht es Sinn, auf Teamebene zu messen. Ein Beispiel für diese Messweise ist die sogenannte „Velocity": eine teambasierte Kennzahl, die eine Aussage über die Geschwindigkeit gibt, mit der ein Team funktionierende Software entwickelt. Dieses Ziel wird vom Team und auch organisationsübergreifend genutzt, um zu erkennen, wie gut man unterwegs ist. Aber die „Velocity" wird nicht als direkter Leistungsindikator genutzt und an Anreize gekoppelt. Dann würde sie nämlich fast sicher manipuliert und ihre Aussagekraft wäre dahin.

Zweitens: Wir brauchen das echte Leben, den Kontext. Wie wir gesehen haben, wird die Vereinfachung durch Zahlen den wenigsten Tätigkeiten gerecht. Wie also kann ich als Manager einschätzen, ob etwas gut läuft? Wie kann ich wissen, wo Fortschritt erzielt wird und wo die Probleme liegen? Es ist so plump wie einfach: Ich schaue es mir an! In der Lean-Philosophie heißt dieses Prinzip „Go Gemba" (*Gemba* ist japanisch für „Ort des Geschehens"). Im Kern steht die Annahme, dass Probleme dort direkt beobachtbar sind, wo die Wertschöpfung stattfindet. Und dass diese Beobachtung eher zu Lösungen führt, als wenn man am Schreibtisch sitzt und auf abstrakte Zahlen schaut.

In der agilen Softwareentwicklung ist die primäre Messgröße für Fortschritt: funktionierende Software. Nicht etwa die Anzahl der Codezeilen oder die Zahl abgearbeiteter Arbeitspakete. Und eine bewährte Methode, um einen Statusbericht für ein Projekt abzugeben, ist dann schlicht die Demonstration des ersten Prototyps oder der fertigen Software vor den Kollegen und Auftraggebern. Wie bei unserem Beispiel aus dem Scouting im Profifußball: Es reicht nicht, die Laufleistung der Spieler:innen zu vergleichen, um Talente zu finden. Zusätzlich muss jemand, der Ahnung hat, hingehen und sich das Mädchen oder den Jungen beim Spielen anschauen.

Drittens: Weniger ist mehr. Durch die Digitalisierung ertrinken wir in Daten, weil alles erfasst werden kann. Jeder Klick, jede E-Mail, alles ist dokumentiert. Daraus entstehen wertvolle Geschäftsmodelle und da ist es nachvollziehbar, dass wir „Big Data" und Künstliche Intelligenz auch nutzen wollen, um unser Unternehmen zu steuern. Wir müssen die Daten doch nur geschickt auswerten! Durch diese Dynamik entstehen immer aufwendigere Messmodelle. Doch einem komplexen Thema wie „Innovationsfähigkeit" oder „gute Führung" werde ich weder mit fünf noch mit 20 Kennzahlen gerecht werden. Aber je mehr Kennzahlen wir bemühen, desto aufwendiger wird es, und desto unklarer wird oft, worauf es denn jetzt ankommt.

Wenn wir anerkennen, dass nicht alles sinnvoll oder vollständig quantifizierbar ist, können wir uns erleichtert besinnen auf einige wenige Kennzahlen zur Diagnose. Wenn wir diese dann mit Augenmaß nutzen, also im Kontext und ohne Kopplung an Anreize, dann können wir die Orientierung schaffen, um die es ja eigentlich geht. Und niemand kommt mehr auf die Idee, während einer Plage absichtlich Ratten zu züchten.

Quintessenz Teil 2
Vernetzte Organisation

- Formale Organisationsstrukturen zeichnen ein limitiertes Bild, mit dem zwar einige Fragen beantwortet werden, aber nicht alle und immer weniger die wesentlichen.
- Reorganisationen verbrennen Geld und Menschen. Ihre Wirksamkeit hingegen ist zweifelhaft. Das positive Potenzial formaler Hierarchien wird immer weiter ausgehöhlt, je öfter sie verändert werden.
- Wir können die Anpassung in die Organisation einplanen. Sie muss kein krisenhafter Ausnahmefall sein, sondern kann Teil des Alltags werden.
- Die Ablauforganisation und informelle Netzwerke werden immer wichtiger. Wir können lernen, sie aktiv zu gestalten.
- Die Entwicklung und Umsetzung von Strategien sollte keine Einbahnstraße sein. Dialog und kontinuierliche Anpassung sind oft genauso wichtig wie die initiale Ausrichtung – häufig sogar wichtiger.
- Kürzere Planungshorizonte, experimentelles Vorgehen und dezentrale Entscheidungen führen zu nachhaltigeren Strategien und ermöglichen schnellere Anpassung.
- Messbarkeit hat ihre Grenzen. Nicht alles kann oder sollte quantifiziert werden.
- Die Kopplung von Kennzahlen an Belohnungssysteme korrumpiert oft das gewünschte Verhalten. Sie untergräbt die Expertise der Beteiligten und den größten Schatz des Unternehmens: die intrinsische Motivation.
- Daten und Kennzahlen sind wichtig und nützlich, aber sie sollten in erster Linie der gemeinsamen Diagnose und Analyse dienen, nicht der Fernsteuerung.

Teil 3

Verteilte Führung

Dem Thema Führung wird in Organisationen zu Recht extrem viel Aufmerksamkeit geschenkt, die isolierte Rolle der Führungskraft wird jedoch bei Weitem überschätzt. Im Innersten spüren die meisten Mitarbeiter:innen, aber auch Unternehmensleiter selbst, dass es schleunigst einen Paradigmenwechsel braucht. Gleichzeitig ist die Zug- und Anziehungskraft alter Rollenkonzepte in Bezug auf Führung nach wie vor enorm hoch. Wenn doch die Wirtschaftswelt in den letzten 50 Jahren zweifelsohne einem massiven Wandel unterzogen war, sollte dann nicht der Blick auf Führung langsam nachziehen?

Nachdem wir gelernt haben, wie sich unsere Glaubenssätze und Bilder auf der Makro-Ebene – beim Blick auf Organisationen – ändern müssen, gehen wir nun eine Ebene tiefer auf die Ebene von Führung und Teams. Wir richten den Fokus auf die tief verankerten Bilder zu Führung, Macht und Entscheidungen. Welches sind die typischen Annahmen darüber, wie Führung zu sein hat? Wo kommen diese her und wie lassen sie sich überwinden? Wir wollen beobachten, wo sich die damit verbundenen Glaubenssätze zeigen, welchen Nutzen sie erfüllen, aber auch wo die Limitationen dieser Perspektiven stecken. Und wir schauen uns an, wie sinnvollere und effektivere Modelle von Führung im heutigen Zeitgeist aussehen und ausgestaltet sein sollten.

Dazu sind auf dieser Führungs- und Teamebene drei Übergänge wichtig, denen wir jeweils ein Kapitel widmen: von individuellen Führungshelden zu Führen als Systemkompetenz (Kapitel 6), vom Gerede über Empowerment zu echter Machtverteilung (Kapitel 7) und von Entscheidungsmonopolen zu differenzierter Entscheidungsfindung (Kapitel 8).

Kapitel 6

L'entreprise – c'est moi!

„Führung ist eine Reihe von Handlungen,
keine Rolle für Helden."
Margaret Wheatley

Mehr als 300 Jahre ist es her, dass Louis XIV. von Frankreich an Wundbrand verstarb, aber die Verehrung, die ihm entgegengebracht wird, hat etliche Kriege, Revolutionen und Reformen überlebt. Unter Louis XIV. dem „Erfinder" des Absolutismus, mussten sich im Schloss von Versailles allmorgendlich mehr als 200 Höflinge versammeln, um dem „Gottgegebenen", wie er auch genannt wurde, ihren Respekt zu bezeugen. Dieses Ritual war auch dann einzuhalten, wenn der Staatenlenker gar nicht anwesend war.

Erstaunlicherweise gibt es auch im 21. Jahrhundert noch immer Sonnenkönige in den Chefetagen. Ein tragisches Beispiel ist Joseph „Joe" Cassano. Er gilt als eine der zentralen Personen, die durch ihr Verhalten die Finanzkrise 2008 auslösten. Der Autor von *The Big Short*, Michael Lewis, bezeichnet ihn auch als „the man who crashed the world". Als Leiter der Sparte für Finanzprodukte der *American International Group (AIG FP)* verantwortete Cassano die Investmentgeschäfte des damals größten Versicherungskonzerns der Welt. Er war dafür verantwortlich, dass die Bank in großem Stil Hypothekenkredite mit fragwürdiger Bonität aufkaufte. Er tat dies, obwohl immer mehr Kolleg:innen und Expert:innen begannen, das hohe Risiko dieses Geschäftes zu erkennen. Doch sie kamen nicht zu ihm durch, denn er galt als narzisstischer Tyrann. Er wollte totale Kontrolle und Gefolgschaft in seinem Unternehmen. Eine Anekdote illustriert, wie weit er dabei ging: Als im firmeneigenen Fitnessraum einmal die Gewichte nicht ordentlich verstaut worden waren, lief er schreiend durch die Gänge und knöpfte sich alle vor, die irgendwie so aussahen, als würden sie Gewichte stemmen.

In solch einem Klima ist es nicht verwunderlich, dass niemand Cassano davon überzeugen konnte, dass seine Investitionsstrategie nicht nur die Existenz des Unternehmens bedrohte, sondern gleich das gesamte Finanzsystem. Doch so kam es. AIG wurde zu einem der größten Hebel in der Dynamik der Finanzkrise. Das Unternehmen verlor über 90 Milliarden USD mit seinem Geschäft mit Hypothekenkrediten und musste mit 150 Milliarden USD von der *Federal Reserve Bank* gerettet werden. Joe Cassano verließ das Unternehmen, sah aber keinerlei Schuld bei sich. Auch nach seinem Abtreten verdiente er jeden Monat eine Million Dollar durch einen Beratungsvertrag mit AIG.

Ein extremes Beispiel. Aber ist es wirklich so selten? Passiert so etwas nur in Investmentbüros in New York oder auch in Deutschland? Es ist jedenfalls kein Thema, das ausschließlich die Finanzbranche betrifft, und auch kein abgeschlossenes Thema aus der Vergangenheit. Die jüngeren Krisen und Skandale in Deutschland waren – unter anderem – auch Krisen der Führung. In der Aufarbeitung der Dieselaffäre und des *Wirecard*-Skandals wurde deutlich: Erst ein Klima der Angst, Einschüchterung und Intransparenz hatte diese Auswüchse überhaupt möglich gemacht. Wären so flächendeckende Betrugsmanöver in einer offenen und transparenten Führungskultur denkbar gewesen?

Heldenhaft

Die Wirtschaftspresse ist voll von Erfolgs- und Misserfolgsgeschichten von Top-Managern. Im Business-Journalismus gibt es gar ein eigenes Genre, das einzig dafür da ist, diese Managerpersönlichkeiten zu bespielen. Wie kommt es, dass wir so viel Aufmerksamkeit auf die Helden und Antihelden in Organisationen verwenden? Offensichtlich gibt es eine große Sehnsucht nach ihnen. Der Wunsch, diese Heldenfiguren zu entdecken und sich ihnen anzuschließen, ist groß. In Zeiten zunehmender Komplexität wünschen sich viele Menschen weniger Ambivalenz. Sie wollen klare Entscheidungen und eindeutige Perspektiven. Wenn die Zeit knapp ist und der Druck wächst, ist der Ruf nach dem personifizierten Feuerlöscher lauter als der nach einem gut durchdachten Brandschutzkonzept. Dann wandert der Blick nach oben ins Organigramm – nun sind (natürlich meist männliche) Helden gefragt. Wer hätte nicht gerne einen Steve Jobs in seiner Organisation, der mit glühender Überzeugung und gegen jeden Widerstand seine Produktvisionen durchsetzt? Würde das nicht allen anderen eine enorme Last abnehmen, da sie dann „nur noch folgen" müssten?

Darüber hinaus gehören Heldengeschichten zu den besten überhaupt. Der Kult um die großen Managementpersönlichkeiten überstrahlt jede nuancierte Erzählung über ein gutes Team oder eine erfolgreiche Kultur. Es ist einfach interessanter, von Steve Jobs' Aus- und Wiedereinstieg bei Apple zu erzählen, als zu überlegen, welche Rolle eigentlich seine Weggefährt:innen und ihre Zusammenarbeit spielten. Auch die Gründungsstories von

Elon Musk lesen sich wie Erlösergeschichten. So beklagt sich Musk etwa am 17. Dezember 2016 per Twitter über den Verkehr in der Stadt Los Angeles und kündigt an, „eine Tunnelbohrmaschine zu bauen und einfach loszugraben". Gesagt, getan. Am selben Tag noch gründete er *The Boring Company*. Große Gründer- und Führungspersönlichkeiten verleihen der trockenen Welt der Großraumbüros und PowerPoint-Präsentationen Glamour, Glanz und Griffigkeit.

Blitzableiter

Die Rolle an der Spitze ist aber nicht nur glanzvoll. Status, Gehalt und Karriere haben ihren Preis. Die Führungskraft ist nicht nur Held, sondern auch Sündenbock. Denn es ist sehr bequem, Verantwortung nach oben zu delegieren: Für die Fehleinschätzung in der Strategie kann man nichts – man war ja nicht beteiligt. Budget falsch allokiert – hat der Chef gemacht. Unpassender Kollege ins Team rekrutiert – es hat einen ja niemand gefragt. Kurz: Ich möchte mehr Freiheit und Mitsprache – aber bitte ohne Konsequenzen.

Führungskräfte sind immer auch Blitzableiter: Die schwierigen Entscheidungen, die Dilemmata, sie landen schnell auf ihrem Tisch. Es ist schwierig, ein ganzes Team oder eine ganze Organisation für Misserfolge verantwortlich zu machen. Wie praktisch, dass es jemanden gibt, der, wie es so schön heißt, „die Verantwortung übernehmen" kann (sprich: Er oder sie tritt zurück). Gut zu beobachten ist dieses Muster im Bundesliga-Fußball: Es gab in den letzten Jahren einige Traditionsvereine, die in der Vergangenheit sehr erfolgreich waren, denen aber mittlerweile der Abstieg drohte. Mit zunehmendem Druck wurden immer schneller die Trainer ausgetauscht. Haben diese häufigen Wechsel in der Führung die Situation verbessert oder eher verschlimmert? Vor dem Abstieg hat ihr Vorgehen die Vereine jedenfalls nicht bewahrt.

Das Austauschen der Führung kann ein wichtiger Impuls sein für eine Veränderung. Doch es greift zu kurz, wenn man sich nicht auch mit den systemischen und kulturellen Problemen beschäftigt. Der Autor und Managementberater Gerhard Wohland bringt es auf den Punkt: „Wer Helden und Schuldige braucht, um eine Situation zu erklären, hat sie noch nicht verstanden."

Die Last der Helden

Die Wirtschaftswelt wird immer dynamischer und komplexer. In starren hierarchischen Systemen landet ein Großteil dieser Komplexität auf den Tischen der Führungskräfte. Gerade das mittlere Management ist in der sprichwörtlichen Sandwich-Position gefangen zwischen den unterschiedlichen und sich nicht selten widersprechenden Erwartungen von oben und von unten. Und die Ansprüche an das, was Führungskräfte können sollen, steigen immer weiter. Der Vorstandsvorsitzende der *ING*, Nick Jue, hat seine Aufgabe, am Ende eines jeden Monats alle Konzernprojekte zu priorisieren, einmal wie folgt bewertet: „Ich habe das gehasst. Kein Vorstand kann 182 Projekte kennen und vernünftig priorisieren. Die Kontrolle war also auch ein Stück weit Illusion." Die vermeintlichen Helden brechen unter dieser Last immer öfter zusammen. Der *Global Leadership Forecast* der globalen Beratungsfirma *DDI*, für den 15 000 Führungskräfte aus mehr als 1700 Unternehmen befragt wurden, malt ein düsteres Bild: 60 Prozent der Führungskräfte fühlen sich am Ende des Tages „verbraucht". Sie leiden zunehmend und überproportional an Schlafmangel und -störungen, Medikamenten- und Alkoholmissbrauch, Burn-out und Depressionen. Der Weg vom *Hero* zu *Zero* ist kurz.

Kaum überraschend ist daher, dass nur sieben Prozent der Mitarbeiter:innen überhaupt Führungskräfte werden wollen. Sie sind kaum noch bereit, den hohen Preis zu zahlen. Wie eine breit angelegte Studie der Bertelsmann-Stiftung zeigt, zieht die Millennial-Generation (welcher im Jahr 2025 etwa die Hälfte aller Arbeitnehmer:innen in Deutschland angehören werden) ihre Motivation immer weniger daraus, möglichst schnell die Karriereleiter zu erklimmen. Eine gute Balance der Lebensbereiche und ein hohes Maß an Werteorientierung und Sinnhaftigkeit der Arbeit werden hingegen immer wichtiger. Der Titel auf der Visitenkarte und der teure Firmenwagen haben heute deutlich weniger Bedeutung für den sozialen Status als noch vor zehn Jahren. Hinzu kommt, dass die Realität in den Führungsrollen häufig weit profaner aussieht, als es der klangvolle Titel auf LinkedIn vermuten lassen würde. In von Kontrolle und zentraler Steuerung geprägten Unternehmen hat auch manch *Senior Vice President* kaum eine Möglichkeit, strategischen Einfluss zu nehmen und eigenständige unternehmerische Entscheidungen zu treffen.

Wie sich zeigt, hat das tief sitzende Bild der individuellen Führungshelden deutliche Grenzen und gefährliche Implikationen. Aber mit welchem zeitgemäßen Bild können wir die Helden erlösen?

Führung als Systemkompetenz

Es ist an der Zeit, Führung weniger zu glorifizieren und zu personalisieren. Wir sehen Führung nicht als isolierte individuelle Kompetenz, sondern als Systemkompetenz. Ohne Menschen, die folgen (wollen), gibt es keine Führung. In einem gänzlich leeren Raum wäre auch Steve Jobs keine große Führungspersönlichkeit. Erfolgreiche Führung entsteht nicht in einer Person, sie entsteht im Zusammenspiel, in einer Wechselbeziehung.

In Zeiten zunehmender Komplexität wird die Frage „Wer ist hier der Chef?" unwichtiger und die Frage „Wie schaffen wir eine Kultur der Verantwortung?" immer zentraler. Jeder führt und wird geführt, die Frage ist: Wer führt wann beziehungsweise in welcher Situation? Unternehmen, die dies erkannt haben, gehen das Thema Führung ganzheitlicher an. Sie thematisieren es so, dass es alle angeht.

Amazon bringt in seinen Amazon Leadership Principles – die nicht nur für designierte Führungskräfte, sondern für alle Mitarbeitenden gelten – klar zum Ausdruck, dass Führung in erster Linie *Ownership*, also das Übernehmen von Verantwortung bedeutet. Und dies wird von jedem Mitarbeitenden erwartet. Das bedeutet konkret, dass einzelne Mitarbeitende auch weitreichende Entscheidungen über Investitionen und Ausgaben selbst treffen sollen. Möglichst wenige Entscheidungen sollen nach oben delegiert werden. Auf diese Weise steigen in der Peripherie der Organisation die Autonomie, die Motivation und damit die Beweglichkeit des Gesamtunternehmens.

In seinem Buch *No Rules Rules* teilt der Gründer und CEO von Netflix Reed Hastings ein eindrucksvolles Beispiel, wie in seinem Unternehmen die Verantwortung dort belassen wird, wo sie am besten aufgehoben ist, nämlich bei den Expert:innen, die am engsten am Markt und den Kunden sind. So erzählt er von einem neuen Mitarbeiter, der als Marketingexperte für den italienischen Markt eingestellt wurde. Dieser wollte in einem mutigen Schritt das gesamte Marketingbudget für Italien in eine einzige Kampagne für die Serie „Narcos" investieren. Er war der Ansicht, dass diese Serie im italienischen Markt besonders Anklang finden würde. Wie aus vorherigen Rollen in Großunternehmen gewohnt ging er zum Marketingchef, um sich dessen Genehmigung abzuholen. Geantwortet wurde ihm: „Paolo, das ist deine Verantwortung und Entscheidung, du bist der Experte." Wenn bei Netflix das Für und Wider sauber abgewogen und mit relevanten Expert:innen und Betroffenen besprochen wurde, braucht es keine Erlaubnis mehr von oben. Dann kann und soll der Verantwortliche selbst entscheiden. Die Kampagne wurde ein voller Erfolg.

Statt Führung zu personalisieren, wird so die Verantwortungskultur gefördert. Menschen werden zur Führung ermutigt und müssen nicht erst warten, bis sie ihnen qua formal-fixierter Hierarchie erlaubt wird.

Die Mannschaft ist der Star

London, am 31. Oktober 2015. Auf dem englischen Rasen des Twickenham Stadions stehen sich 30 muskelbepackte Männer gegenüber. 15 davon – im schwarzen Trikot, aufgestellt in einer V-Formation, das Gesicht zum Gegner – beginnen ein merkwürdiges Ritual. Wie vor jedem Spiel führen die *All Blacks*, die Spieler der neuseeländischen Rugby-Nationalmannschaft, den sogenannten „Haka" auf. Der Haka ist ein Ritualtanz der *Māori* (der indigenen Bevölkerung Neuseelands), der auf die kommende „Schlacht" einstimmen und die Gegner einschüchtern soll. Wer die mit dem Tanz verbundenen Urschreie hört, dem gehen sie durch Mark und Bein. Wenige Stunden später schreiben die Neuseeländer Geschichte, als sie die *Wallabies* (das australische Team) mit 34:17 schlagen und damit als erstes Team zum dritten Mal in Folge den Rugby-Weltmeistertitel holen. Die All Blacks haben in ihrer Geschichte 77 Prozent ihrer Spiele gewonnen und sind damit die international erfolgreichste Nationalmannschaft überhaupt. Was ist der Schlüssel zu ihrem Erfolg? Ist es der Haka?

Der Haka ist eindrucksvoll, doch etwas anderes macht einen noch wesentlicheren Unterschied: die Teamkultur. Diese ist geprägt von kollektiver Führung, von einer gemeinschaftlichen Verantwortungsübernahme und von der Unterordnung jedes einzelnen Spielers und seines Egos – sei er noch so herausragend – unter das Ziel der Mannschaft. „Play for the name on the front of the shirt, not the back" („Spiel für den Namen, der vorne auf dem Trikot steht, nicht für den, der hinten steht"), lautet eines der 15 All-Black-Prinzipien. Diese Bescheidenheit manifestiert sich in der Praxis des „Sweeping the shed" („den Schuppen kehren"): Auch die erfolgreichsten und bestbezahlten Spieler fegen nach dem Spiel buchstäblich ihren eigenen Dreck weg.

Rugby ist ein Sport, in dem einzelne Superstars selten den entscheidenden Unterschied ausmachen. Vielmehr ist die Leistung des Kollektivs entscheidend. Zwar haben die All Blacks einen Kapitän, doch er ist nicht der alleinige Anführer. Eine Gruppe von erfahrenen Spielern – die „Senior Team Players" – trägt ebenfalls viel Verantwortung. Ihre gemeinsame Führungsaufgabe ist es vor allem, die geteilten Prinzipien vorzuleben und hochzuhalten.

Die heutige Arbeit ist zunehmend Wissensarbeit und die ist hoch vernetzt und von gegenseitigen Abhängigkeiten geprägt. Kaum jemand kennt alleine den richtigen Weg und kann seine Ziele ohne Kollaboration erreichen. Eine Organisation kann ihre Stärke dann ausspielen, wenn ihre gesamte Kompetenz und Kreativität genutzt werden. Um es mit den Worten von Edgar Schein zu sagen:

„In einer immer komplexeren Welt wissen Führungskräfte einfach nicht genug, um alleine zu entscheiden, was neu und besser ist. Führung ist deshalb ein Gruppensport und keine individuelle heroische Aktivität."

Es braucht also weniger Sonnenkönige, mehr starke Teams – und vielleicht auch ein bisschen mehr Haka.

Kapitel 7

Wer hat hier die Macht?

„Macht und Verantwortung sind untrennbar
miteinander verbunden.“
Konrad Adenauer

Bedeutet *Unlearning Hierarchy*, dass alle gleich sind in der Selbstorganisation? Hat jede und jeder eine Stimme wie in einer reinen Demokratie? Oder gibt es weiterhin Machtgefälle und wir brauchen weiterhin Führungsrollen? Unsere Antwort lautet: Ja, Menschen müssen in die Verantwortung gehen, Entscheidungen treffen, und das in unterschiedlichem Maße. Es sind dabei nicht alle gleich, sondern manche führen mehr, führen häufiger – und andere weniger.

Damit Selbstorganisation funktionieren kann, braucht es sogar mehr Menschen, die führen, als in einem primär hierarchischen System. Nur sind ihre Rollen anders, als wir es gewohnt sind: weniger Heldenfiguren, die voranreiten, die Entscheidungen monopolisieren und die Bühne für sich beanspruchen. Stattdessen: soziale Architekten, welche die Rahmenbedingungen schaffen, unter denen Selbstorganisation funktionieren kann.

Wenn Führung nicht mehr personalisiert ist, wird sie beweglicher. Es entsteht ein Netzwerk aus Rollen, die flexibel in Führung gehen. Aus einer starren Hierarchie aus Personen wird eine anpassungsfähige Hierarchie aus Rollen. Wie können diese Führungsrollen aussehen, und wie können sie schrittweise entstehen?

Geteilte Macht

Einer muss der Chef sein. Wie tief verankert diese Überzeugung ist, zeigt sich schon in den IT-Tools: Die allermeisten Systeme für Personalmanagement sehen vom technischen Design her gar nicht vor, dass sich zwei Personen eine Führungsrolle teilen. Berichtslinien, Genehmigungsprozesse oder Zugangsrechte zu Mitarbeiterdaten sind in den meisten Fällen für genau eine einzige Führungskraft vorgesehen.

Doch was in der Software nicht vorgesehen ist, wird in der Realität schon lange gelebt: Zwei Personen teilen sich gleichwertig eine Führungsposition. Dieses Konstrukt hat viele Vorteile: Die doppelte Perspektive ermöglicht differenziertere und ausgewogenere Entscheidungen. Die Führungskräfte können sich auf ihre jeweiligen Stärken konzentrieren und sich dadurch gegenseitig ergänzen. Ein wesentlicher Nebeneffekt: Es ermöglicht dem Unternehmen darüber hinaus, weiter von der Expertise von

Menschen in Lebensphasen wie zum Beispiel Kinderbetreuung oder der Pflege von Angehörigen zu profitieren, wenn sie dafür zum Beispiel in Teilzeit arbeiten. Bei der SAP Deutschland können sich inzwischen auf jede ausgeschriebene Führungsposition auch Tandems bewerben und es gibt eine eigene Plattform, auf der sich diese Tandems finden können.

Die Analyse solcher Tandems zeigt, dass gut gestaltete „Shared Leadership" zu erhöhter Produktivität, niedrigeren Krankheitsraten und geringerer Fluktuation in den geführten Teams und bei den Führungskräften beiträgt. Doppelspitzen sind kein Selbstläufer, aber sie können hervorragend funktionieren. Wir haben beides erlebt bei SAP, und das sogar auf höchster Ebene, die der CEOs. So führte beispielsweise das Duo Bill McDermott und Jim Hagemann-Snabe jahrelang erfolgreich die Geschicke des Unternehmens. Das Tandem aus Christian Klein und Jennifer Morgen aus jüngerer Vergangenheit hielt hingegen – vermutlich aufgrund zu unterschiedlicher Ansichten bezüglich der Produkt- und Vertriebsstrategie – nur wenige Monate.

Klar ist: Jede funktionierende Doppelspitze widerlegt die eingeschliffene Überzeugung, dass Führung nicht geteilt werden kann.

Führung auf allen Ebenen

Selbst im produzierenden Gewerbe in eher traditionellen Industrien finden sich Unternehmen, die Führung äußerst zukunftsgerichtet gestalten. So fordert und fördert Amerikas größter Stahlproduzent *Nucor* Führung auf allen Ebenen der Organisation. Verantwortung wird verteilt, und das vor allem auf Rollen, die entweder nah an der Produktentwicklung, der Produktion oder am Kunden sind, ganz unabhängig vom Level des Mitarbeiters oder der Mitarbeiterin. Wohnt man einer Teambesprechung im Werk bei, so hat man Schwierigkeiten herauszufinden, wer der formelle Team- oder Werksleiter ist. Jeder noch so „einfache" Produktionsmitarbeiter nimmt eine aktive Position ein, indem er ad hoc Verbesserungsvorschläge einbringt oder von seinen crossfunktionalen Abstimmungen mit dem Einkauf oder der Qualitätsabteilung berichtet. Jede der (ohnehin nur wenigen) Hierarchieebenen erhält weiterreichende Entscheidungsbefugnisse. Und innerhalb jedes Levels wird dort entschieden, wo die größte Kompetenz vorhanden ist und/oder wo möglichst schnell und unbürokratisch Entscheidungen getroffen werden müssen. Die designierten Führungskräfte machen weniger als zwei Prozent der gesamten Belegschaft aus, während in vergleichbaren Unternehmen die Managerquote meist über 10 Prozent liegt.

Die Befugnisse des Leaders hängen somit nicht mehr an einem Hierarchielevel, sondern sind abhängig von der Verantwortung, die an eben jene Rolle geknüpft ist – auch wenn diese wie erwähnt eher weiter „unten" angesiedelt sind. Warum sollte jemand auf einer niedrigeren Organisationsebene nicht auch führen und warum sollte es auf diesen Ebenen keiner Führung bedürfen? Zu Ende gedacht bedeutet dies, dass es auf allen Unternehmens- und Hierarchieebenen immer Rollen mit und Rollen ohne formale Führungsverantwortung geben kann, je nach Bedarf und Kontext.

Könner an die Macht

Neben der Möglichkeit, Führung stärker in die Breite und bestehende Rollen an Tandems zu geben, lassen sich auch neue Führungsrollen für unterschiedliche Domänen schaffen. Eine bewährte Unterteilung unterscheidet zwischen *People Leadership*, also Rollen mit formaler Personalverantwortung, und funktionaler Führung (im Englischen treffenderweise mit *Thought Leadership* bezeichnet). Ein Beispiel dafür ist die Rolle des *Product Owners* in der agilen Softwareentwicklung. Diese Rolle enthält keine formale Personalverantwortung, sondern ist primär für die Fokussierung der Wertschöpfung verantwortlich. Sie vertritt nicht eine Stimme des Managements, sondern ist idealerweise die Stimme des Kunden, beispielsweise in der Entscheidung, wie ein Produkt weiterentwickelt wird.

Ein solcher Ansatz ist positiv für Expert:innen, da sie über ihr Wissen und ihre fachliche Kompetenz führen können, ohne sich mit für sie womöglich unerwünschten Personalführungsaufgaben zu beschäftigen. Es ist positiv für die Mitarbeiter:innen, da sie sich nicht von einem Experten führen lassen müssen, der keine Qualifikation, keine Motivation und keine Zeit hat, sich um die Führung der Teammitglieder zu kümmern. Und es ist positiv für das Unternehmen als Ganzes, weil der Fokus der Expert:innen in ihrer fachlichen Domäne bleibt, statt durch Managementaufgaben verwässert zu werden. Eine Win-Win-Win Situation also.

Allerdings müssen solche Expertenrollen auch mit echter Verantwortung und relevanten Entscheidungsbefugnissen ausgestattet werden. Sonst wird nur Kosmetik betrieben: Den Experten wird eine höhere Wertschätzung angedeutet, aber einen tatsächlichen Platz am Entscheidungstisch bekommen sie nicht. Wenn es drauf ankommt, entscheiden dann doch eher diejenigen, die in der formalen Organisationsstruktur die meisten *direct reports* (an sie berichtenden Mitarbeiter:innnen) unter sich haben. Wenn es nur *einen* echten Weg nach oben und in die Verantwortung gibt, nur eine Karriereleiter, riskiert man in letzter Konsequenz, dass gute Experten doch womöglich zu schlechten Führungskräften werden. Kein guter Deal.

Empowerment

In Organisationen wird heutzutage oft über Empowerment gesprochen (ins Deutsche übersetzt wenig klangvoll: „Befähigung" oder „Ermächtigung"). Das Problem mit dem Begriff ist aber, dass ein inhärenter Widerspruch zwischen Botschaft und Methode besteht. Während die Botschaft „Befähigung" ist, suggeriert die Methode: Es braucht *mich* als Führungskraft, um *dich* als Mitarbeiter:in zu befähigen, zu ermächtigen. Das hört sich übergriffig und entmündigend an und als Konsequenz wird die gut gemeinte Idee oft zu einer Manifestation der Top-down-Kultur. Patty McCord, ehemalige Personalchefin von Netflix, bringt es in ihrem Buch *Powerful* auf den Punkt: Menschen sind doch von Natur aus „mächtig" und „befähigt", wir entmachten sie jedoch durch bürokratische und hierarchische Kontrolle und Steuerung.

Es wird gerne über Empowerment gesprochen, aber ungern über Macht und Verantwortung. Aber wie ist Empowerment möglich, ohne fundamentale Machtfragen anzufassen? Unserer Erfahrung nach kranken viele agile Transformationen und Initiativen zur Selbstorganisation genau daran, dass diese Frage ausgeblendet wird. Es werden modern klingende Rollen und flexiblere Arbeitsprozesse eingeführt, aber die zugrunde liegende Logik, dass in letzter Konsequenz nach wie vor oben gesteuert und unten umgesetzt wird, bleibt erhalten. Also: Innovation, Agilität und New Work sehr gerne – aber dabei bitte nicht die Hierarchie infrage stellen. Das geht dann doch zu weit. Dass dieser Prozess nicht leicht vonstatten geht, haben wir als Führungskräfte selber erlebt. Es fühlt sich komisch an, wenn man Macht abgibt und die kritischen Entscheidungen nicht mehr alleine trifft. Im Inneren haben wir uns dann doch auch leise gefragt: „Wer bin ich denn als Leader, wenn ich nicht das letzte Wort habe? Wie ist dann noch mein Status, wie ist mein Gehalt gerechtfertigt?"

Aber nehmen wir mal an, ich habe die Ego-bezogenen Fragen für mich gelöst und ich bin genau diese moderne Führungskraft, die durchaus bereit ist, Verantwortung und Macht abzugeben und zu verteilen. Mein Vorgesetzter allerdings hat eine diametral entgegengesetzte Haltung zum Thema Führung. Er will genau *einen* Ansprechpartner für meinen Verantwortungsbereich und hat weder Lust noch Nerven, sich auch noch mit den „empowerten" Expert:innen in meinem Team auseinanderzusetzen. In der Realität des Organisationsalltags prallt mein neu gewonnenes Bild also schmerzhaft auf das alte, oft noch systemisch verankerte Führungsideal. Es wird deutlich, dass wir, um nachhaltige Veränderungen zu erreichen, nicht nur an der individuellen Haltung Einzelner, sondern im System am System arbeiten müssen.

Parallelwelten

Wohin nicht zu Ende gedachte Experimente beim Thema Selbstorganisation führen können, konnte man bei der Daimler AG beobachten, als im Rahmen einer Veränderungsinitiative für mehr Agilität 2016 sogenannte *Schwarmorganisationen* eingeführt wurden. Als „Schwärme" wurden selbstorganisierte Teams bezeichnet, die spontan entstehen und sich wieder auflösen. Diese Teams laufen parallel zur formalen Organisation. Die Herausforderung dabei: Es wurde zwar die Einladung zur Selbstorganisation ausgesprochen, jedoch nur in einer Parallelwelt, außerhalb der formalen Organisation und ohne Einschränkung der weiterhin wirkenden Steuerungs- und Kontrollinstrumente. Zielvereinbarungen, Leistungsbeurteilungen und Mitarbeitergespräche wirkten weiterhin aus der alten, formalen Struktur auf die Mitarbeiter:innen. Dadurch entstand eine enorme Spannung, wie bei einer Marionette, die zwar eingeladen wird, sich frei zu bewegen – aber ohne die Fäden zu kappen. Es ist kein Wunder, dass Daimler sein damals formuliertes Ziel, bis 2020 bis zu 20 Prozent seiner Mitarbeiter in Schwärmen zu organisieren, nie auch nur annähernd erreicht hat.

Was das mit der Problematik des Empowerments zu tun hat? Sehr viel, denn das Ausprobieren der Selbstorganisation in einem Experimentalraum mag lehrreich sein, doch irgendwann müssen Prinzipien der Selbstorganisation in die wahren Machtstrukturen, in formal existierende organisationale Einheiten übertragen werden. Dieser Schritt wurde jedoch nie vollzogen. Aber: Nur losgelassene Macht kann verteilt und aufgenommen werden.

Führung annehmen

Wenn Führung und Macht losgelassen werden, bedeutet das allerdings nicht automatisch, dass sie anderswo freudig in Empfang genommen werden. Wie oben beschrieben, ist es für viele durchaus attraktiv, *nicht* in der Schusslinie zu stehen. Wir haben den Widerspruch bereits thematisiert: Viele wünschen sich mehr Autonomie, Gestaltungs- und Entscheidungsraum. Aber nicht alle wollen gleichzeitig mehr Verantwortung. Beides geht aber untrennbar Hand in Hand. „I don't want to be held responsible for the consequences" (sinngemäß: dafür will ich nicht den Kopf hinhalten) –, hat uns einmal ein Teammitglied erwidert, als wir ihn „empowern" wollten, mehr Verantwortung zu übernehmen.

Ein Mehr an Freiheit und weniger Führung von oben bedeutet, dass wir lernen müssen, mehr selbst zu navigieren, zu priorisieren und zu gestalten. Vorher wurden wir von außen gesteuert, plötzlich müssen wir uns selbst und von innen stärker steuern. Das ist ungewohnt und es will gelernt sein.

Wie kann es dennoch gelingen? Um diesen Prozess in Gang zu bringen, hilft es, wenn eine solche Führungs- und Verantwortungsübernahme nicht von Anfang an mit permanenten und vor allem mit formellen Pflichten verbunden ist, sondern Menschen durch ihren Kompetenz- oder Erfahrungsvorsprung sozusagen probe- und schrittweise in Führung gehen können.

Befinden sich Menschen in psychologisch sicheren Umfeldern, sind sie eher gewillt, ins Ungewisse und ins Risiko zu gehen.

Fehler sind dann erlaubt, sie helfen beim Lern- und Wachstumsprozess. Führung kann somit ganz effektiv situationsbezogen und auch zeitlich begrenzt wirken und hängt nicht mehr an großen Rollen, Titeln oder der Verankerung in der Unternehmenshierarchie.

Zusammengefasst: Führung und Macht muss in Zukunft neu gedacht und gestaltet werden. Heißt, in die Breite und Fläche verteilen, rein ins Team, flexibel und vor allem kompetenz- und erfahrungsgetrieben. Doch nicht immer muss der erste Schritt sein, gleich neue Rollen auszuhandeln und einzuführen. Allein wenn wir uns damit auseinandersetzen, wie wir Entscheidungen treffen, können wir bereits viel Bewegung in die Organisation bringen. Dies wird im folgenden Kapitel 8 vertieft.

Kapitel 8

Am Ende muss einer entscheiden

„Viel mehr als unsere Fähigkeiten, sind es unsere Entscheidungen,
die zeigen wer wir wirklich sind."
Albus Dumbledore

Jede Sekunde werden in Unternehmen Hunderte, ja Tausende Entscheidungen getroffen. Viele kleine, manchmal unbedeutende, oft aber auch große und strategisch weitreichende. Immer mehr Daten stehen zur Verfügung, die sich immer ausgeklügelter analysieren lassen. Aber bedeutet das auch, dass bessere Entscheidungen getroffen werden? Organisationen stehen heute vor der Herausforderung, eine effektive Balance zu finden zwischen dem schnellen und dem möglichst richtigen Entscheiden.

Entscheiden ist eine der zentralen Führungsaufgaben – ohne Entscheidungen versinkt jedes Unternehmen im Chaos der Komplexität. „Der Sinn von Führung ist es, Organisationen dadurch arbeitsfähig und überlebensfähig zu erhalten, dass sie kontinuierlich Entscheidungen produzieren", schrieb Niklas Luhmann in seinem Werk *Organisation und Entscheidung*. Luhmann spricht dabei bewusst von Führung – und nicht von Führungskräften.

In den vorherigen Kapiteln haben wir Entscheidungen und die Verteilung von Entscheidungsgewalt bereits thematisiert. Es wurde deutlich, dass Unternehmen Entscheidungen auf mehrere Schultern verteilen können, um beweglicher zu werden und sich weniger der Hoffnung auf die Weisheit einiger weniger ausliefern. Einige zentrale Fragen sind aber noch offengeblieben: Wie finden wir heraus, wer wann welche Entscheidungen trifft? Und wie wird diese Entscheidung dann getroffen?

Vorsicht vor dem HIPPO

Vor allem in hierarchisch geprägten Kulturen begegnet uns oft der „HIPPO-Effekt" (*Highest Paid Person's Opinion*). Gemeint ist die Dynamik in Entscheidungsszenarien, dass die Meinung der bestbezahlten Person dominiert. Oder, wie eine Personalleiterin uns gerne zu erinnern pflegte: „Ober sticht Unter." Damit wird dann die Komplexität der Entscheidungswege eingedampft und erfahrungsgemäß langwierige Diskussionen im Vorfeld wichtiger Entscheidungen vermieden.

Dies war auch Zeit seines Lebens die Führungsphilosophie des Automobilpatriarchen Ferdinand Piëch, der, wie in etlichen Interviews und Schriftstücken bestätigt, sich im Unternehmen nicht selten als allwissend präsentierte und die für ihn wichtigen Entscheidungen durchaus rücksichtslos durchboxte. Er war bekannt für seine cholerischen Auftritte in Managementmeetings und Technikbesprechungen und hat mit seinem Alphatier-Habitus maßgeblich zu einer Kultur bei *VW* beigetragen, die womöglich auch den Nährboden für den Dieselskandal bereitete.

Seinem amerikanischen Mitbewerber, dem damaligen Vorstandsvorsitzenden bei *Chrysler* Bob Lutz, hat Piëch das „Erfolgsrezept" seines Kommunikations- und Entscheidungsstils einmal wie folgt erklärt:

„[...] Ich rief alle Karosserie-Ingenieure, Stanzmechaniker, Produktionsleute und die Führungskräfte in meinen Konferenzraum. Und ich sagte: Ich habe genug von euren lausigen Karosserien. Ihr habt sechs Wochen Zeit, um eine Weltklasse-Karosserie auf die Beine zu stellen. Ich habe all eure Namen. Wenn wir in sechs Wochen nicht das erforderliche Qualitätsniveau erreicht haben, werde ich Sie alle ersetzen. Danke, dass Sie sich heute Zeit genommen haben."

Inzwischen sollte deutlich geworden sein: Derartiges HIPPO-Gehabe und eine Monopolisierung von Entscheidungsmacht ist nicht der beste Weg. Um schneller reagieren und sachgerechter, also besser entscheiden zu können, braucht es eine Verteilung von Macht und Führung in die Peripherie, nah an den Kunden und den Wertschöpfungsprozessen. Doch Selbstorganisation und verteilte Führung werden gerne als zu langsam und zögerlich abgestempelt. Der Glaubenssatz „Am Ende muss einer entscheiden" und die Floskel „Wir haben keine Zeit, alle nach ihrer Meinung zu fragen" sind allgegenwärtig in der Debatte um Entscheidungen.

Beide Aussagen haben einen wahren Kern. Es braucht durchaus Klarheit darüber, wer welche Entscheidungen trifft. Nur muss das eben nicht immer das HIPPO sein. Und ja, es dauert zu lange, alles im Konsens zu entscheiden. Das ist aber auch gar nicht der Ansatz der Selbstorganisation. Zwischen den Extrempolen Autokratie (einer entscheidet) und Konsens (alle entscheiden) gibt es viel Raum für passende Entscheidungsmodi. Und was die Geschwindigkeit angeht: In einem selbstorganisierten System treffen Einzelne oft weitreichende Entscheidungen, ohne erst zwei weitere Führungsebenen um ihre Meinung fragen und die Antwort abwarten zu müssen. Wer in einem Konzern mal versucht hat, ein Budget für eine Investition zu bekommen oder einen Prozess zu verändern, der weiß: Die angeblich hohe Geschwindigkeit hierarchischer Entscheidungen ist oft nur eine Illusion.

Angst loszulassen

Wenn Macht und Entscheidungsgewalt verteilt werden, kommt in der Chefetage schnell die Frage ins Spiel: Wie behalten wir die Lage im Griff? Macht nicht jeder, was er will, wenn es keine zentrale Führung gibt, welche die Entscheidungen trifft? Zur Bewältigung dieser Ur-Angst ist es wichtig, sich von der Vorstellung zu lösen, dass effektive Steuerung ausschließlich in Form der Kontrolle durch eine zentrale Instanz funktionieren kann. Tatsächlich verfügen alle gesunden Organismen über effektive lokale Kontroll- und Steuerungsprozesse, die sich durch die Fähigkeit auszeichnen, das interne Gleichgewicht im System zu wahren. Kontrolle und Führung sind weiterhin vorhanden, nur eben in einer anderen und dezentraleren Form.

Dieses Phänomen kann nicht nur in der Natur (wie etwa bei den Ameisenkolonien), sondern auch in derart konzipierten Firmen beobachtet werden. Ein prominentes Beispiel hierfür ist das Unternehmen *W. L Gore* (mehrfach als „Great Place to Work" zertifiziert und auf der „Fast 50"-Liste der „Innovativsten Unternehmen der Welt" vertreten), zu dessen bekanntesten Produkten wasserdichte, atmungsaktive Funktionskleidung zählt. Das Unternehmen hat Verantwortlichkeiten und Entscheidungsgewalt radikal dezentralisiert und sein „Headquarter" auf ein Minimum reduziert, sodass sämtliche Produkt- und Produktionsentscheidungen schnell und marktnah getroffen werden können; dasselbe gilt für das Gestalten von Prozessen.

Wer entscheidet?

Wie kann das konkret aussehen? Um Entscheidungsmacht effektiv zu verteilen, ist es zunächst einmal ausschlaggebend, im Team einen offenen Dialog darüber zu fördern, wer sinnvollerweise welche Entscheidungen treffen sollte. Soll etwa die Entscheidung über die Budgetallokation zunächst bei der Führungskraft alleine verbleiben, dann ist dagegen im Grunde erst einmal nichts einzuwenden. Wichtig ist nur, dass die Führungskraft transparent mit den Beweggründen ihrer Entscheidungen umgeht. Je deutlicher die Gründe kommuniziert werden, desto höher ist auch die Klarheit und Akzeptanz im Team. Zudem sollte die Führung offen dafür sein, dass andere Entscheidungen partizipativ und dezentral getroffen werden.

Um der Tatsache Rechnung zu tragen, dass man Entscheidungen auf ganz unterschiedliche Art und Weise treffen kann, haben wir in unserem Team ein sogenanntes *Delegation Board* eingeführt. Diese Methode basiert auf dem Grundsatz, Delegation nicht als einfache *Entweder-oder*-Entscheidung zu verstehen („Entweder ich mache es als Führungskraft selbst oder ich gebe es an mein Team ab"), sondern stattdessen in verschiedene Stufen der Delegation zu unterscheiden. Mithilfe dieses Tools lässt sich die jeweilige Stufe der Delegation für verschiedene Aufgaben kommunizieren, diskutieren und transparent machen. Dabei entsteht schnell die wertvolle Einsicht, dass nicht jedes Teammitglied überall involviert sein will oder sein sollte.

Mitreden und -entscheiden sollte vor allem, wer entweder über die notwendige Kompetenz verfügt, also positiv zur Entscheidungsqualität beitragen kann, oder wer von einer Entscheidung stark betroffen ist und deshalb beteiligt werden sollte. So ist die Stimme des Abteilungsstrategen bei der Konfiguration neuer Softwarefeatures wahrscheinlich nicht wertstiftend. Geht es hingegen um die Einstellung eines neuen Teammitglieds, mit dem der Stratege auch eng zusammenarbeitet, so wäre es angemessen, ihn in den Entscheidungsprozess einzubeziehen.

Letztlich geht es also um ein „Dekonstruieren" der Entscheidungsgewalt, mit dem Zweck, diese dorthin zu transferieren, wo die Information und Kompetenz zum jeweiligen Sachverhalt sitzt. „Don't move information to authority, move authority to information", heißt es treffend in David Marquets *Turn the Ship Around*. Der ehemalige Kapitän der United States Navy und Bestsellerautor beschreibt in seinem Buch, wie er unter anderem durch eine Dezentralisierung von Verantwortung und eine Verteilung von Entscheidungsgewalt das schlechteste U-Boot der Marine innerhalb kurzer Zeit zum absoluten Vorbild in puncto Qualität, Führung, Crew und anderer Erfolgsindikatoren gewandelt hat. Bemerkenswert ist, dass Marquet nach einigen Rückschlägen und einer längeren Zeit der Selbstreflexion seine

Crew völlig ohne direkte Anweisungen und lediglich durch seine Vision, seine intelligenten Fragen und ein im Militär beispielloses Vertrauen führte.

Doch woher wissen wir, wer welche Kompetenzen hat? *Bridgewater Associates*, der weltweit erfolgreichste Hedgefonds, nutzt dafür die sogenannten „Baseball-Cards". Diese sind öffentlich zugängliche Erfahrungs- und Kompetenzprofile der Mitarbeitenden und dienen als Orientierung dafür, wer bei welcher Entscheidung einen Platz am Tisch haben und wer beim jeweiligen Thema eher außen vor bleiben sollte. Maßgeblich ist, dass diese Profile nicht durch isolierte Selbsteinschätzung oder ein standardisiertes Assessment-Tool zustandekommen, sondern die Summe der Einschätzungen und Bewertungen aller Kollegen dokumentiert, die bisher mit der Person zusammengearbeitet haben. Zwar ist dieser Prozess sicher nicht komplett frei von Vorurteilen und Fehleinschätzungen, aber es ist definitiv besser als die Alternative, sich allein auf die Wahrnehmung der Führungskraft zu verlassen.

Konsent

Wenn klar ist, *was* von *wem* entschieden werden soll, bleibt die Frage, *wie* die Entscheidung fallen soll. Eine pragmatische und effektive Art, Entscheidungen weder autokratisch noch im Konsens zu treffen, ist der **Konsent**. Während bei der autokratischen Entscheidung *einer* „Ja" sagen muss, bei der demokratischen *die Mehrheit* und bei der konsensorientierten *alle* „Ja" sagen müssen, ordnet sich der Konsent in der Mitte ein: Keiner darf „Nein" sagen. Das bedeutet ganz praktisch, dass im Team vor einer finalen Entscheidung eine formale Einwandsabfrage durchgeführt wird. Haben einzelne Teammitglieder „fundamentale Einwände" –, weil etwa die Folgen der Entscheidung nicht vollends absehbar sind oder die negativen Implikationen einer Fehlentscheidung irreversibel und von hoher Tragweite wären – dann startet man einen Prozess, bei dem gemeinsam eruiert wird, was der Entscheidung konkret im Wege steht und was es an Anpassung oder Rahmung benötigt, damit der Vorschlag akzeptiert werden kann (beispielsweise mehr Daten oder ein Testballon).

Wenn die Diskussion über Risiken einer Entscheidung festgefahren ist, lässt die Situation sich manchmal durch eine einfache Frage lösen: „Safe enough to try?" Wann ist das, was vorgeschlagen wird, sicher genug, um es zumindest auszuprobieren? Wenn etwa eine Kollegin eine radikale und provokante neue Social-Media-Strategie vorschlägt: Wie ließe sich diese testen, ohne die Reputation der Organisation zu riskieren? Kann man sie beispielsweise auf einer Plattform oder in einem kleinen Rahmen lancieren, bevor sie gleich über alle Kanäle läuft? In einer Welt voller Unvorhersehbarkeit fördert die Frage „Safe enough to try?" das Experimentieren und beschleunigt Entscheidungsprozesse, indem sie das Element der Vorläufigkeit mit hineinnimmt.

Organisationen, die ihre Entscheidungen sehr dateninformiert und -basiert treffen, fördern meist auch einen offeneren Raum zu Diskussion und die Teilnahme relevanter Stakeholder am Entscheidungsprozess. Sie kultivieren den Ansatz, zunächst möglichst viele möglichst divergente Perspektiven zu sammeln und erst dann – auf Basis einer guten und reichhaltigen Datenlage – zur Konvergenz überzugehen. Bei Netflix heißt das „farming for dissent", also „Dissens einsammeln". Damit erreicht man, dass möglichst viele Perspektiven und Stimmen gehört werden, was die Qualität der Lösungsvorschläge üblicherweise steigert und zu wenig durchdachte Ideen aussortiert. Auf diese Weise wird im initialen Stadium mehr Zeit investiert, beispielsweise bei Strategieprozessen. Aufgrund der frühzeitigen Partizipation vieler und der intensiven Diskussionen werden Vorschläge dann später umso schneller umgesetzt.

Wer sich nun vorstellt, dass effektive Selbstorganisation bedeutet, eine konfliktscheue Konsenskultur zu zelebrieren, in der nicht gestritten wird, der wird sein blaues Wunder erleben. Organisationen mit verteilter Verantwortung pflegen eine ausgesprochen lebendige Diskussions- und Streitkultur. Jeder ist eingeladen, Vorschläge zu machen. Und jeder kann Zweifel und Widerstände äußern, wenn er mit einem Vorschlag nicht einverstanden ist. Doch beides will gut durchdacht sein. Schließlich ist Verantwortung nun breiter auf den Schultern vieler verteilt – man muss also nicht mehr nur den Chef überzeugen.

Quintessenz Teil 3
Verteilte Führung

- Das Bild der Führungskraft als individuelle Heldengestalt ist nach wie vor sehr dominant in unseren Organisationen und bestimmt die Art, wie wir führen, zusammenarbeiten und uns organisieren.
- In komplexen Umfeldern können Einzelne nicht mehr alles relevante Wissen in sich vereinen. Es ist an der Zeit, Führung weniger zu glorifizieren und zu personalisieren, sondern sie als geteilte Verantwortung, als Gruppensport zu betrachten.
- Wenn wir Führung und Macht neu denken und flexibler verteilen, werden wir beweglicher. Dafür können wir Macht tiefer in die Organisation geben, Führungspositionen teilen oder auf unterschiedliche Rollen verteilen.
- Wenn wir Empowerment ernst meinen, dürfen wir Machtstrukturen und Machtverteilung nicht unangetastet lassen.
- Ein wichtiger Schritt zu mehr Selbstorganisation ist die Dekonstruktion von Entscheidungen. Diese können vermehrt kompetenzbasiert getroffen werden und durch diejenigen, die betroffen sind.
- Zwischen Autokratie (einer muss ja sagen) und Konsens (alle müssen ja sagen) gibt es eine Vielfalt von Entscheidungsmodi. Entscheidungsmethoden wie der Konsent helfen dabei, dass alle mehr Verantwortung übernehmen, ohne für alles verantwortlich zu sein.

Teil 4

Ganzer Mensch

Eigentlich ist es eine Binsenweisheit: Organisationen sind mehr als ein Betriebssystem und Menschen sind keine optimierbaren Bots, die sich codieren, standardisieren und reparieren lassen. Wir verbringen im Schnitt ca. 230 Tagen im Jahr und etwa die Hälfte unseres wachen Lebens bei der Arbeit. Hier erleben wir Sinn und Erfüllung, Freude und Frust, schließen Freundschaften oder finden sogar Partner:innen. Kurz: Wir leben. Als Menschen. Wir sind also gut beraten, Organisationen nicht als Kühlboxen zu verstehen, an deren Eingang wir unsere Persönlichkeit und Emotionen abgeben und dann im Einheitsbrei auf Betriebstemperatur funktionieren. Wenn Menschen wie Objekte oder Roboter behandelt werden, wird ihr Potenzial auf Eis gelegt. Vieles lässt sich automatisieren, wurde bereits automatisiert oder wird automatisiert werden. Aber nicht alles: Kreativität, Empathie und implizites Wissen sind auch durch immer stärkere Künstliche Intelligenz nicht kopierbar und werden dies auch auf absehbare Zeit nicht sein. Und genau das sind die Alleinstellungsmerkmale, die immer mehr den Unterschied machen.

Doch wie wird in Organisationen heute auf Menschen geschaut? Und wie manifestiert sich diese Perspektive und die dazugehörige Haltung in den Strukturen und Prozessen? Dazu werfen wir in diesem vierten Teil einen detaillierten Blick auf die tief verwurzelten, oft auch unterbewusst vorherrschenden Glaubenssätze: Der Mensch ist primär eine Arbeitsressource (Kapitel 9), Mitarbeiter müssen über Kontrolle und Regeln statt über Vertrauen und Beteiligung gesteuert werden (Kapitel 10) und Motivation erfolgt über Belohnung und Bestrafung (Kapitel 11). Gleichzeitig zeigen wir, wie es anders gehen kann, indem man den Menschen als Ganzes betrachtet und behandelt, indem man weniger, aber dafür sinnhafte Prinzipien als Handlauf für die Zusammenarbeit entwickelt und indem man mit einem systemischen Fokus eine ganzheitliche Leistungskultur fördert.

Kapitel 9

Der Mensch als Ressource

„Die Bürokratie entwickelt sich umso vollkommener,
je mehr sie sich entmenschlicht, [...] und allen rein persönlichen,
überhaupt allen irrationalen, dem Kalkül sich entziehenden
Empfindungselementen [entzieht]"
Max Weber

Folgt man der Logik der Organisation als Maschine, ergibt es Sinn, die Menschen als Zahnräder, als Bauteile ohne persönliche Eigenschaften zu verstehen. In diesem Sinne ist die Perspektive von Max Weber im obigen Zitat auch heute noch präsent in unseren Unternehmen. Auch wenn beteuert wird, wie viel für die Mitarbeiter:innen getan wird, so herrscht im Kern noch ein vereinfachtes Menschenbild: Der Mensch als Arbeitsressource und nicht als Ganzes, als Individuum mit Ecken und Kanten, mit Stärken, Schwächen und Emotionen.

Die Ambition, das Unternehmen selbstorganisierter und zukunftsfähiger aufzustellen, kann noch so hoch gehängt werden. Fakt ist: Wenn wir Menschen weiterhin als reinen Kostenfaktor betrachten, sie in Organigrammen und Rollen festtackern und sie durch Zwang und Motivationstricks daran hindern, ihr volles Potenzial zu entfalten, dann bleiben wir im bürokratischen und hierarchischen Netz gefangen.

Humankapital

Das militärisch-technische Vokabular entlarvt das überholte Bild: Man redet über *Headcounts* (Planstellen), *FTEs* (Full-time equivalents, also die rechnerische Mitarbeiterkapazität) und *direct reports*. Mitarbeiter:innen werden gerne als das größte Asset, also Vermögenswert, der in der Unternehmensbilanz steht, bezeichnet. Diesen kann man, dem Bilde folgend, abschreiben und durch eine Ersatzinvestition austauschen, wenn er nicht mehr taugt. Diese Sprache reanimiert immer wieder das Bild des Menschen als Ressource, als *Humankapital*.

Auch wenn kaum ein Unternehmensleiter es offen ausspricht: Geld, das für Arbeitskraft ausgegeben wird, gilt als Kostenposition und nicht als Investition in die Zukunftsfähigkeit des Unternehmens (und damit wahrscheinlich auch in die des Mitarbeiters). Kleine Anekdote aus dem Vorstandsalltag:

> Fragt der Finanzvorstand: *„Was passiert, wenn wir in die Entwicklung unserer Mitarbeiter investieren und sie uns danach verlassen?"*

> Antwortet der Personalvorstand: *„Was passiert, wenn wir es nicht tun und sie bleiben?"*

Die Angestelltengehälter und alle Zusatzkosten wie Fortbildungen und Entwicklungsmaßnahmen sind einer der größten Kostenblöcke in der traditionellen Gewinn- und Verlustrechnung. Oft schauen CFOs und CEOs mit schmerzverzerrten Gesicht auf diesen Block, den sie mit „Personalkosten" titulieren, und arbeiten am Ziel, diesen so weit wie möglich zu optimieren und zu minimieren, wie die anderen Kostenblöcke eben auch. In der Gewinn- und Verlustrechnung von *dm*, der größten Drogeriemarktkette Europas, wo der Gründer und bekennende Anthroposoph Götz Werner lange Jahre die Unternehmenskultur geformt hat, nennt sich die Position stattdessen „Mitarbeitereinkommen".

Erst in jüngster Zeit hat so manche Personalabteilung, die sich lange stolz *Human Resources* nannte, bemerkt, dass diese Bezeichnung nicht mehr so ganz zeitgemäß ist, und sich schnell – und natürlich wiederum dem Anglo-Amerikanischen entlehnt – in *People & Organisation* oder Ähnliches umgetauft. Fortan heißt die Personalleitung auch nicht mehr CHRO *(Chief Human Resources Officer)*, sondern darf CPO *(Chief People Officer)* genannt werden.

Sicherlich, Sprache schafft Bewusstsein und damit Wirklichkeit, und in diesem Sinne sind Begriffe wichtig. Es macht durchaus einen Unterschied, ob ich von der Personalabteilung spreche, von People & Organization oder von Human Resources. Auch ein solcher symbolischer Akt kann etwas ausdrücken. Doch eine Änderung der Bezeichnungen alleine reicht natürlich nicht, da sie nur ein Anpassen von Artefakten ist.

Wenn Menschenbild und Haltung unverändert bleiben, dann ist so eine Namensänderung nur Schönfärberei. Es geht also darum, ein ganzheitlicheres Menschenbild zu fördern und aus diesem heraus auch den institutionellen Rahmen (beispielsweise Regeln und Prozesse) neu zu denken.

Meditationskabinen

Stöbert man in den Webseiten von Unternehmen, durchkämmt ihre Wertesysteme oder lauscht den Vorträgen von Vorständen, dann scheint der Fokus klar: „Menschen im Mittelpunkt". Kostenlose Fitnessstudios, gesundes Mittagessen und sogar – COVID-19 bedingt – vermehrt die Erlaubnis, auch mal von zu Hause zu arbeiten.

Daran ist nichts auszusetzen. Wir erleben hautnah, was die vielen „Benefits" und Angebote bedeuten können. Es macht einen wichtigen Unterschied, wenn sich etwa SAP für seine Mitarbeiter:innen in schwierigen persönlichen Situationen einsetzt und ihnen individuelle Auszeiten einräumt, unbürokratisch Impfstoff an die indischen Teams verschifft oder gar psychologische Unterstützung für Angehörige von Mitarbeiter:innen anbietet. Ähnliche und noch weiter reichende Aktionen finden sich in immer mehr Unternehmen.

Es mangelt nicht an Maßnahmen. Amazon etwa stellte kürzlich Meditationskabinen in seinen Logistikzentren auf. Doch wie viel davon ist Kosmetik und wie viel ist eine ernst gemeinte, echte Priorisierung der Bedürfnisse der Menschen? Die „Picker & Packer" bei Amazon jedenfalls, wie die Logistikmitarbeiter:innen genannt werden, klagen über so hohen Zeitdruck, dass sie nicht einmal aufs WC gehen können. In einem solchen Arbeitsumfeld sind Meditationskabinen natürlich purer Zynismus.

Wenn die Maschinerie läuft, gibt es Lob und Bonus, wenn nicht, ist man eine Nummer unter vielen und findet sich schnell auch außerhalb der vier Unternehmenswände wieder – vor allem, wenn man nicht „funktioniert". Stehen hier die Mitarbeiter:innen wirklich im Mittelpunkt? Oder zählt am Ende doch nur der Profit und der Rest ist Kosmetik? Wie sieht es aus mit der Wertschätzung und Entfaltung der Menschen in den Organisationen voller „Benefits"?

Entfremdung und Sinnentleerung

Wie der bereits zitierte Gallup-Index zeigt, steht es nicht gut um das Engagement in deutschen Unternehmen. Nur ein Drittel aller Mitarbeiter bekunden, dass sie die Möglichkeit haben, im Job das zu tun, was sie am besten können. Lediglich ein Viertel der Befragten haben das Gefühl, von ihnen werde erwartet, innovativ in ihrer Rolle zu sein, und gar nur ein mageres Fünftel glauben, dass ihre Meinung im Unternehmen zählt. Hier wird eine starke Entfremdung von Mitarbeiter:innen gegenüber ihren Arbeitgebern sichtbar. Viele empfinden offenbar eine zunehmende Entmenschlichung und Sinnleere und erleben sich in überoptimierten Organisationshüllen, die keinen Platz für

Individualität, persönliches Wachstum und zwischenmenschliche Beziehungen bieten.

Das liegt unserer Erfahrung nach vor allem daran, dass viele Organisationen der falschen Annahme aufsitzen, nämlich dass Menschen vor allem zum Zwecke der Leistungs- und Verdienstmaximierung arbeiten und um möglichst schnell auf der Karriereleiter voranzukommen. Dieses verkürzte Bild spart leider einen essenziellen Aspekt aus, nämlich dass Mitarbeiter:innen durch ihre gesamte Persönlichkeit und all ihre Fähigkeiten, die sie in die Arbeit einbringen, vor allem auch nach Sinnmaximierung streben.

Geht man eine Ebene tiefer, so stößt man schnell auf die Grundfrage nach der Existenzberechtigung von Unternehmen. Es entsteht zwar vielerorts eine Bewegung weg vom singulären Mantra „The business of business is business" (dem neoliberalen Ökonomen Milton Friedman zugeschrieben) und hin zu einer multiperspektivischen Haltung wie etwa „Profit, People & Purpose". Folgt man jedoch der reinen Wirtschaftslogik, so hat ein Unternehmen nur ein Ziel: Wertschöpfung. Es geht nicht um Mitarbeiterwohlfahrt.

Zu diesem Diskurs ließe sich mehr als nur ein Buch schreiben. Uns geht es vor allem um die Überzeugung, dass diese Ziele keinen Widerspruch darstellen und wir es damit nicht mit einem *Entweder-oder*, sondern mit einem *Sowohl-als-auch* zu tun haben. Mitarbeiter:innen, die ein Umfeld vorfinden, das es ihnen erlaubt, sich mit ihrer gesamten Persönlichkeit einzubringen, ja, das dies sogar von ihnen fordert, sind deutlich produktiver. Seinen Leuten mehr zu trauen und mehr zuzutrauen steigert also langfristig Umsatz und Gewinn; das bestätigen etliche Studien wie beispielsweise eine Meta-Analyse des Engagement-Index der letzten Jahre.

Erst wenn man den gedanklich konstruierten Widerspruch zwischen Produktivität und einem guten Arbeitsumfeld überwindet und sich die Mühe macht, ein ganzheitliches Bild zu zeichnen, kann man das menschliche Verhalten im Arbeitskontext verstehen und eine Ausgangshaltung entwickeln, die positiv auf jede Mitarbeiterin und jeden Mitarbeiter schaut und sie eher als Potenzial für das Unternehmen sieht denn als Kostenfaktor. Natürlich gibt es in jeder Organisation auch Fehlverhalten, Arbeitsverweigerung, Manipulation und schlechte Leistungen. Aber eine Führung, die annimmt, dass Mitarbeiter:innen im

Zweifel besser an die kurze Leine genommen werden sollten, verschenkt ungeheuer viel Potenzial. Zudem hat es nicht immer nur mit den Mitarbeiter:innen zu tun, wenn Erwartungen enttäuscht werden, sondern oft auch mit unseren Systemen, Prozessen und organisatorischen Riten. Darauf gehen wir weiter unten genauer ein.

Störende Individualität

Großorganisationen sind komplexe Gebilde. Unternehmensleiter und Führungskräfte in diesen Systemen aber sehnen sich nach Einfachheit.

„Ist Ihre Buchhaltung in Ordnung, ist das ganze Unternehmen in Ordnung. Alles was Sie brauchen, ist eine ordentliche Software."

So lautet die markige Bildunterschrift in Anzeigen der Firma *Lexware*. Die dazugehörigen Fotos geben Einblicke in Unternehmen, in denen alles akkurat sortiert, strukturiert und standardisiert ist: Die Autos in der Fahrschule stehen in Reih und Glied, die Schraubenzieher in der Werkstatt sind der Größe nach geordnet. Und selbst die verdächtig geklont wirkenden Metzgereifachverkäuferinnen halten lauter gleiche, gut gewetzte Messer in der Hand: „Hier herrscht Lexware".

So bilderbuchartig stellen viele sich ein Unternehmen gerne vor: störungsfrei, durchoptimiert und effizient. Die einzelnen Rädchen im Uhrwerk laufen schön zusammen, alles ist geölt, kein Platz für Individualität oder gar für Emotionen. Ein Zahnrad jammert nicht.

Aus diesem Wunsch nach Einfachheit und bürokratischer Ordnung heraus schaffen Unternehmen hochgradig standardisierte und detaillierte Jobprofile, die als Recruiting-Schablonen dienen, um abgerundete Kompetenzbündel ins Unternehmen zu holen. Und die wissen dann ganz genau, was man von ihnen erwartet. Nicht selten liegt dahinter ein kompliziertes Kompetenzmodell, das vorgeben soll, wie stark spezifische Fähigkeiten und Fertigkeiten ausgeprägt sein müssen, damit ein Kandidat die Rolle ausfüllen kann. In derart auf Standard getrimmten Modellen ist kein Platz für die Arbeitsrealität. In der füllen Menschen nämlich nicht selten mehrere Rollen gleichzeitig aus. Fast niemand passt wirklich in ein minutiös beschriebenes Jobprofil, und wie viele Kästchen in der Anforderungsmatrix bei einem Kandidaten am Ende angekreuzt sind, fußt meist mehr auf Willkür als auf Wissenschaft.

Nehmen wir das Beispiel eines *Software Development Expert* bei SAP. Im Jobprofil lesen wir vereinfacht dargestellt unter anderem folgende skalenbasierte Kompetenzanforderungen: „Cloud Development 3 von 4, Database Management 2 von 4, Communication Skills 3 von 4" und so weiter. Das nächsthöhere Level weißt entsprechend leicht höhere Einstufungen auf.

In Großunternehmen gibt es Hunderte, manchmal tausende solcher Jobprofile, in denen versucht wird, jedes Level, jede Anforderung exakt zu beschreiben, damit sie in einer Excel-Tabelle abgebildet werden können. Dedizierte Teams beschäftigen sich ganzjährig damit, diese Schablonen auf dem aktuellen Stand zu halten. Mit der tatsächlichen Arbeit, welche die Kolleg:innen täglich leisten, haben diese Beschreibungen jedoch kaum noch etwas zu tun. Darauf angesprochen, könnte keiner unseres Kollegen eine Aussage darüber treffen, ob seine Rollenbeschreibung nun „Communication Skills" Stufe 3 von 4 oder 4 von 4 verlangt.

Der Wunsch nach Standardisierung ist verständlich, aber der Standardisierungswahn kann Unternehmen ernsthaft schaden. Der ungarische Psychologe Mihály Csíkszentmihályi drückt dies ein seinem Buch *Flow* wie folgt aus:

„Wenn wir Mitarbeiter nicht als wertvolle, einzigartige Individuen betrachten, sondern als Werkzeuge, die weggeworfen werden, wenn sie nicht mehr gebraucht werden, dann werden auch die Mitarbeiter die Firma als nichts weiter als eine Maschine zur Ausgabe von Gehaltsschecks betrachten, die keinen anderen Wert oder Sinn hat."

Der Mensch passt nun einmal nicht in eine Box und deshalb wären wir gut beraten, ihn auch nicht dort hineinpressen zu wollen, so schön sauber und geordnet es auch aussehen mag. Wir sollten Individualität als *Feature* statt als *Bug* verstehen. Das kann bisweilen etwas unordentlicher und auch chaotischer erscheinen, ist aber ehrlicher – und am Ende auch gewinnbringender.

Jenseits von Schablonen

Der Entwicklungspsychologe und Organisationsentwickler Robert Kegan und seine Co-Autorin Lisa Lahey porträtieren in ihrem Buch *An Everyone Culture* Unternehmen wie Bridgewater Associates, (über dessen Entscheidungspraktiken wir oben schon gesprochen haben). Diese von den Autoren bezeichneten *deliberately development organizations (DDOs)* haben sich bewusst aus den starren Standards von Team- und Organisationsgrenzen hinausbewegt, indem sie den Menschen in Unternehmen mehr Autonomie und Selbstverantwortung zumuten und zutrauen. Diese Unternehmen weigern sich, den Menschen und das Geschäft künstlich voneinander zu trennen. Sie folgen vielmehr der Überzeugung, dass Organisationen den idealen Kontext bieten, um menschliches Wachstum zu fördern, welches wiederum eine positive Hebelwirkung für den künftigen Geschäftserfolg erzeugt. „People or Profit" wird ersetzt durch „People and Profit".

Individuelles Wachstum und persönliche Zufriedenheit der Mitarbeiter werden in den DDOs als Grundvoraussetzung für nachhaltigen geschäftlichen Erfolg betrachtet. Sie nehmen die Komplexität von Individuen ernst, jenseits vordefinierter Schablonen. Sie tun das beispielsweise, indem sie kontinuierliches Feedback als routinierten Ansatz leben, ihre Meetings auch als Beobachtungspunkte für persönliches Wachstum nutzen und Führungsverantwortung in alle Rollen integrieren.

Morning Star, der weltweit größte Tomatenverarbeiter, ist ein weiteres Beispiel für moderne Führungskultur. Dort ist man der Überzeugung, dass rigide Rollenbeschreibungen und klar niedergeschriebene, abgegrenzte Tätigkeitsprofile eher hinderlich sind, wenn es darum geht, die Kreativität, Innovationsfähigkeit und auch die Produktivität der Mitarbeiter:innen voll auszuschöpfen. Wichtig: Hier herrscht keine Anarchie und es gibt eine ganz klar vorgegebene *raison d'être*, die unerwünschte Aktivitäten und Verhaltensweisen ausschließt. Dieser Rahmen wirkt jedoch eher wie ein Handlauf als wie ein Handlungskorsett.

So entwickelte Morning Star eigens ein Tool, das die Mitarbeiter zur Koordinierung und Organisation ihrer Arbeit nutzen. Der sogenannte *Colleague Letter of Understanding (CLOU)* ist weder eine Stellenbeschreibung noch ein Arbeitsvertrag. Vielmehr dient er als Instrument, mit dem jeder seine Verpflichtungen gegenüber den Kolleg:innen transparent darlegen kann. Sämtliche CLOU-Verpflichtungen sind offen und zugänglich, sodass die Rollen und Verantwortlichkeiten für alle klar sind. Dieses Instrument basiert auf der Einsicht, dass in einer Organisation nichts im luftleeren Raum geschieht, sondern stets unzählige gegenseitige Abhängigkeiten bestehen. Die Stärke der Organisation hängt also davon ab, inwieweit jeder Mitarbeiter seine Verpflichtungen gegenüber seinen Kolleg:innen klar definiert und ihnen dann auch nachkommt.

In radikal selbstorganisierten Organisationen wie etwa beim Softwareunternehmen *Valve* gibt es keine festen Jobs. Die Kolleg:innen entscheiden selbst, bei welchen Projekten sie mitarbeiten wollen, und bewerben sich auf diese über einen offenen Marktplatz. Symbolisch haben alle Schreibtische Rollen, wodurch signalisiert wird: Keiner ist festgenagelt. Dieser Ansatz steht diametral der tradierten Praxis entgegen, die vorsieht, dass jeder Mitarbeiter einem Manager und einer Abteilung „gehört". Die Implikationen für die Budgetierung und Personalplanung dieser Praxis sind so weitreichend, dass man sich fast gar nicht vorstellen kann, wie das überhaupt funktionieren soll. Doch der Erfolg von Valve sollte neugierig machen: Das Unternehmen kontrolliert mindestens 50 Prozent des Marktes für PC-Spiele mit nur etwa 400 Mitarbeiter:innen, und hat damit den höchsten Gewinn pro Mitarbeiter der gesamten Technologiebranche – höher als Apple oder Google.

Nun muss die Organisation aber nicht gleich alle Zügel fallen lassen, wie es bei Valve der Fall ist. Ein Beispiel für eine niederschwellige Variante sind die bei SAP üblichen *Fellowships*: Mitarbeiter:innen können unbürokratisch von einem Team an ein anderes ausgeliehen werden, für bis zu sechs Monate, meist mit der ganzen Arbeitszeit, manchmal auch in Teilzeit. Diese Wechsel werden durch die Mitarbeiter:in angestoßen und über einen internen Marktplatz vermittelt. Die einzige Voraussetzung ist, dass die Führungskräfte auf beiden Seiten einverstanden sind – darüber hinaus gibt es keinerlei bürokratische Hürden oder zentralen Kontrollen.

Diese Initiative ist langsam gewachsen, hat aber mittlerweile eine enorme Skalierung erreicht. Zu jedem Zeitpunkt sind etwa zwei bis drei Prozent aller SAP-Mitarbeiter:innen auf diese Weise außerhalb ihrer formalen Rolle und Abteilung eingesetzt, also in einem anderen Team als dem, wo sie laut Arbeitsvertrag, Jobprofil, HR-System eigentlich sein sollten. Ihre Planstelle, ihre Gehaltskosten werden in einem Bereich bezahlt, in dem sie gar nicht arbeiten.

Hätten wir versucht, dem Vorstand so ein Programm zu verkaufen und den sofortigen Rollout über das ganze Unternehmen empfohlen – wir wären wohl krachend gescheitert. Nämlich am Kontrollbedürfnis zerschellt mit einer Reaktion wie: „Drei Prozent der Mitarbeiter sollen ohne zentrale Steuerung machen, was sie wollen? Wo kommen wir denn da hin?" Doch dieser Ansatz entstand allmählich und emergent, die Organisation gewöhnte sich daran und mittlerweile ist er fester Bestandteil der SAP-Kultur – auch wenn er eigentlich überhaupt nicht ins Bild passt.

Wir sind doch hier alle erwachsen, oder?

In der Wirtschaftswelt ist es nach wie vor üblich, einander zu beteuern, dass sich Mitarbeiter:innen und ihr Verhalten ganz einfach und rational erklären und damit auch steuern lassen. Und es hat ja auch unbestreitbare Vorteile, sich einen durch und durch rationalen Arbeitnehmer vorzugaukeln: Jede nicht logisch erklärbare Handlung und Entscheidung kann als Abweichung abgebügelt werden und Mitarbeiterführung damit nach einem einfachem Wenn-dann-Ansatz funktionieren. Und da Emotionen am Arbeitsplatz ohnehin nichts zu suchen haben, braucht man auch gar nicht erst zu adressieren, wenn ein Teammitglied vom einen auf den anderen Tag sich komplett passiv oder auch total aufgewühlt in den Projektmeetings zeigt.

Logisch, dass dieses Bild meilenweit an der Realität vorbeigeht. Unternehmen sind teilweise höchst unlogisch agierende und emotionsgesteuerte Systeme. Arbeit ist extrem persönlich – vermutlich mehr, als uns recht ist. Ohne dass wir es beeinflussen können, feuern in manchen Situationen bestimmte Neuronen im Hirn und lösen damit eine ganze Reihe von Gefühlen, Intuitionen und in der Folge auch körperliche Empfindungen aus. Emotionen sind wichtig, ja lebensnotwendig – und auch wenn sie nicht immer an die Oberfläche kommen, sind sie stets da.

Wenn wir uns aber darüber einig sind, dass die Zusammenarbeit im Unternehmen nicht durch emotionslose Roboter passiert, dann sind wir gut beraten, zu lernen, wie wir besser mit unseren eigenen Emotionen arbeiten können – und auch, wie wir effektive Strategien zur Unterstützung von Emotionen am Arbeitsplatz entwickeln. Auf diese Weise entsteht letztlich ein produktiveres, unterstützendes und anregendes Arbeitsumfeld für alle.

Es ist nicht ganz unverständlich, dass sich Führungskräfte und Mitarbeiter:innen scheuen, eigene Emotionen nach außen zu tragen und auf Gefühlsausbrüche anderer einzugehen. Einen wütenden, traurigen oder frustrierten Kollegen anzusprechen, um zu verstehen, was mit ihm los ist, ist selten angenehm. Die kleine Bodenwelle wird daher gern über- oder umfahren in der Hoffnung, dass morgen sicherlich alles wieder gut sein wird.

Aber seine Emotionen anzusprechen und mit dem Team zu teilen, wäre oft für alle ein großer Zugewinn – etwa um die Blockadehaltung aus einer Entscheidung zu nehmen. So bietet sich etwa ein der **Holokratie** entlehntes Konzept des *spannungsbasierten Arbeitens* an. Hierbei wird zum Beispiel im Rahmen der Teammeetings eine Plattform geschaffen, bei der sämtliche Teammitglieder die Möglichkeit haben, Themen anzusprechen, die eine Spannung – also Bedenken, aber auch Vorschläge, die eine gewisse Emotion beim Individuum auslösen – erzeugen, welche dem Fortschritt des Projektes oder allgemein der Zusammenarbeit im Team im Wege stehen. Diese werden dann nacheinander diskutiert und in der Gruppe gelöst. Die zentrale Frage dabei: „Was brauchst du?"

Ein solch offener Umgang mit Emotionen wird noch immer schnell als „unprofessionell" abgestempelt. Wenn wir ein Bild von Emotionen am Arbeitsplatz haben, dann eher das des cholerischen Vorgesetzten oder die überdrehte Motivationsansprache im Stile eines Wolf of Wall Street oder eines Steve Ballmer bei seinen legendären Hauptversammlungsauftritten.

Leider haben wir es dabei mit einer größeren Verwechslung zu tun. Seine Emotionen zu kennen und offen damit umzugehen ist etwas ganz anderes, als seine Launen ungefiltert an anderen auszulassen oder eine narzisstische Show abzuziehen. Während Ersteres ein hohes Potenzial für authentisches Auftreten und eine verbesserte Zusammenarbeit in sich trägt, braucht es von Letzterem nicht unbedingt mehr am Arbeitsplatz.

Der Mensch als Ganzes

Um mit einer hohen Veränderungsgeschwindigkeit in der Außenwelt klarzukommen, braucht man ein stärkeres Bewusstsein der eigenen Innenwelt, seiner persönlichen Bedürfnisstrukturen und seiner individuellen Reaktionsmuster auf Ereignisse und Veränderungen von außen. „Wie reagiere ich auf das, was da passiert? Was löst es bei mir aus und wie geht es mir damit?" Ein Gespür dafür zu haben und sich mit solchen grundlegenden Fragen auseinandersetzen zu können ist die Voraussetzung für eine ausreichende innere Stabilität und damit für persönliche Anpassungsfähigkeit – bei der Arbeit, aber auch jenseits davon.

Der bekannte Neurowissenschaftler und Bestsellerautor David Rock fasst es wie folgt zusammen: „Die Fähigkeit, unsere Emotionen zu regulieren, statt ihnen ausgeliefert zu sein, ist eine wichtige Erfolgsvoraussetzung, um […] in dieser komplexen und zum Teil chaotischen Welt zu bestehen." Es geht darum, seine Emotionen im Griff zu haben, ohne sie zu unterdrücken.

Die permanente Umgestaltung von Unternehmen und die häufigen Veränderungen der Rahmenbedingungen schwächen den Halt, den feste Strukturen und klare Prozesse bieten. Umso wichtiger ist es, die Sensorik für die eigenen Bedürfnisse und Emotionen und für die der anderen zu schärfen. Kommt der Halt immer seltener aus den gewohnten festen Regeln und Hierarchien, muss als Quelle verstärkt die eigene Innenwelt herangezogen werden. Dadurch bekommen wir Zugang zu einem inneren Kompass, der uns hilft, auch dann zu navigieren, wenn wir stärker in die Selbstorganisation gehen.

Wir sollten deshalb mehr sichere Räume und Akzeptanz für die Emotionen und das Befinden der Mitarbeiter:innen schaffen. Das hat nichts Karitatives oder gar Esoterisches. Es bedeutet schlicht, den Menschen als Ganzes ernst zu nehmen. Insbesondere als Führungskraft schaffen Verletzlichkeit und das Teilen von Emotionen Vertrauen und Transparenz – zentrale Zutaten für erfolgreiche Selbstorganisation. Dafür brauchen wir mehr Empathie füreinander, aber vor allem auch für uns selbst.

Kapitel 10

Vertrauen ist gut, Kontrolle ist besser

*"The best way to find out if you can trust
somebody is to trust them."*
Ernest Hemingway

Am 9. April 2017 sitzt der 69-jährige Arzt David Dao in einem Flieger der *United Airlines* in Chicago und wartet auf den Start nach Louisville. Da erfährt er: Der Flug ist überbucht und er soll das Flugzeug wieder verlassen. Er weigert sich – und wird daraufhin gewaltsam von Bord entfernt. Das später veröffentlichte Video eines anderen Passagiers, welches einen blutbefleckten Dao zeigt, der durch den Gang gezerrt wird, wird zum PR-Desaster für die Airline. Und als er gefragt wird, was United aus diesem Vorfall gelernt habe, macht der damalige CEO Oscar Munoz die Sache nur noch schlimmer: „Wir haben unseren Mitarbeitern nicht die richtigen Tools, Richtlinien und Anleitungen gegeben, die ihnen erlaubt hätten, ihren gesunden Menschenverstand zu benutzen."

Das Bild des ferngesteuerten Mitarbeitenden, es springt uns förmlich an in dieser Antwort des CEOs. Das Fehlverhalten der Mitarbeiter:innen wird nicht etwa analysiert mit der Frage: In was für einer Unternehmenskultur wird so mit Kunden umgegangen? Nein, es waren die Richtlinien. Und gesunder Menschenverstand, also selbstständiges Nachdenken, braucht Richtlinien. Weil es nicht selbstständig geschieht oder weil es nicht selbstständig geschehen soll? Im Spannungsfeld zwischen Hierarchie und Selbstorganisation bildet diese Grundhaltung eine entscheidende Hürde, die es zu überwinden gilt.

Zäune bauen

Viele Unternehmen begegnen Komplexität und Dynamik mit einer wachsenden Anzahl von Kontrollmechanismen. Grenzüberschreitungen, Fehlentscheidungen oder Kundenbeschwerden – um zu vermeiden, dass so etwas wie die Situation mit David Dao erneut auftreten kann, braucht es eine passende Regel, dann ist die Situation unter Kontrolle. Noch heute sind Unternehmen voll von aberwitzigen Kontrollmechanismen und Genehmigungsverfahren. Ein Buchkauf braucht drei Unterschriften, die Reisekosten müssen vom Vorstand genehmigt werden, der Urlaubsantrag geht über mehrere Instanzen.

2011 stellte der *Volkswagen* Konzern fest, dass die zunehmende Flut an E-Mails immer stärker die Grenzen zwischen Freizeit und Arbeit verwischte. Wie lässt sich verhindern, dass die Mitarbeitenden nach dem Ende ihrer Arbeit wirklich abschalten? Man einigte sich mit dem Betriebsrat darauf, für tariflich gebundene Mitarbeitende nachts und am Wochenende die E-Mail-Server abzuschalten. Wurde dadurch das Problem gelöst? Oder ist das eher gut gemeint, aber schlecht gemacht?

Ein Geschichte aus der Fabrik des französische Automobilherstellers *FAVI* liefert ein eindrucksvolles Beispiel dafür, wie Kontrollen nach hinten losgehen können: Arbeiter:innen, die neue Arbeitshandschuhe brauchen, mussten diese aus einem Materialraum holen. Zur Vorbeugung von Diebstahl war dieser Raum stets abgeschlossen. Wenn die alten Handschuhe verschlissen waren, mussten die Arbeiter:innen sie ihrer Führungskraft zeigen, damit diese ihnen einen Coupon für neue (im Wert von 5 EUR) aushändigte. Das Ganze dauerte etwa zehn Minuten und in dieser Zeit wurden die Produktionsmaschinen angehalten. Man muss kein Betriebswirt sein, um zu erahnen, wie negativ sich diese Praxis auf das Geschäft auswirkte.

Es wird nicht funktionieren, der Komplexität der digitalen Arbeitswelt durch immer ausgefuchstere Steuerungs- und Kontrollmechanismen zu begegnen. Dieses Spiel lässt sich nicht gewinnen und erinnert an den Deichbau an kanalisierten Flüssen: Wenn wir immer mehr zusätzliche Dämme bauen, um Überschwemmungen zu verhindern – anstatt zu renaturieren, Begradigungen zu entfernen und Überschwemmungszonen zu schaffen –, bekommen wir nur immer dramatischere Hochwasser. „Wer Zäune um Menschen baut, bekommt Schafe", fasst es die Autorin und Rednerin Anja Förster bildhaft zusammen. Wie kommt es, dass dennoch weiter Zäune und Dämme gebaut werden?

Die Kontroll- und Steuerungsmechanismen sind von einem negativen Menschenbild geprägt. Sie stellen das Vermeiden des Sonderfalls in den Mittelpunkt: dass jemand Handschuhe aus dem Materialschrank entwendet, um sie zu Hause für die Gartenarbeit zu nutzen. Doch wie häufig ist das wirklich der Fall? Wie hoch sind die Kosten, wenn es ab und zu mal passiert? Lohnt es sich dafür, alle anderen den bürokratischen Kontrollen zu unterwerfen und sie dadurch in Sippenhaft zu nehmen? Und die Produktion regelmäßig zu stoppen?

Als François Zobrist CEO von FAVI wurde, änderte er sofort die beschriebene Praxis: Alle Materialräume wurden aufgeschlossen. Und das war nur der Anfang eines Kulturwandels. Heute sind Entscheidungen bei FAVI weitestgehend dezentralisiert und werden von den Menschen im Unternehmen getroffen, welche die Anforderungen am besten kennen. Das gilt für Arbeitshandschuhe wie für Maschinen, die Hunderttausende Euro kosten. Die grundlegende Annahme, die dies möglich macht, findet sich im Untertitel von Zobrists Buch über FAVI: *L'entreprise qui croit que l'homme est bon* – die Organisation, die daran glaubt, dass der Mensch gut ist.

X oder Y

Im Jahre 1960 veröffentlichte Douglas McGregor, Management-Professor am renommierten *Massachusetts Institute of Technology (MIT)* das Buch *The Human Side of Enterprise*. Darin stellte er zehn Prinzipien vor, mit deren Hilfe man ein Klima von Enthusiasmus, Engagement und Motivation in Organisationen schaffen kann, was sich unmittelbar auf Effizienz und Markterfolg auswirke. Den Schlüssel sah McGregor in selbstbestimmtem Arbeiten und in flachen Hierarchien. Auch entwickelte er die darin beschriebenen *Theorien* X und *Y*, die unterschiedliche Annahmen über das Verhältnis von Menschen zu ihrer Arbeit gegenüberstellen. Während Theorie X zugrunde legt, dass der durchschnittliche Mitarbeiter Arbeit und Verantwortung eher abgeneigt ist und sie vermeidet, wo nur möglich, malt Theorie Y ein Menschenbild, in dem Arbeit vom Menschen als natürlich und erfüllend wahrgenommen wird.

Kaum ein Manager wird sich in Zeiten von New Work noch dazu bekennen, Theorie X anzuhängen. Dennoch sind ihre grundlegenden Annahmen – beispielsweise, dass Menschen Arbeit vermeiden und daher kontrolliert werden müssen – auch heute noch in Aktion zu beobachten.

Ein eindrucksvolles Beispiel war der ruckartige Übergang zum Home-Office im Zuge der COVID-19 Pandemie. Viele Organisationen hatten Home Office vorher ausgeschlossen, aus Angst vor Kontrollverlust und Missbrauch. Woher weiß man denn, dass die Leute zuhause überhaupt arbeiten? Selbst in den absoluten Hochphasen der Pandemie hielten viele Arbeitgeber an dieser Haltung fest. Gewiss lässt sich nicht jede Tätigkeit mobil ausüben, und auch die notwendige technische Infrastruktur ist nicht selbstverständlich. Aber selbst da, wo es möglich gewesen wäre, wurde es in vielen Fällen verhindert. Eine repräsentative Umfrage des *bitkom*-Verbands im Herbst 2020 zeigt diese Lücke: 55 Prozent der Befragten sagten, dass ihre Tätigkeit grundsätzlich auch aus dem Home-Office möglich wäre. Aber nur 45 Prozent hatten auch die Möglichkeit dazu. Bei ca. 42 Millionen Erwerbstätigen bedeutet das: über vier Millionen Arbeitnehmer:innen, mussten in der Hochphase einer Pandemie jeden Tag ins Büro fahren und dabei eine Infektion riskieren. Und das nur, weil ihre Vorgesetzten ihnen nicht vertrauten.

Für ein System, das sie unter Generalverdacht stellt, werden Menschen kaum ihr Bestes geben. *You get what you design for* – man bekommt die Mitarbeiter (oder eben Schafe), die man mit der Gestaltung der Unternehmenskultur heranzieht.

Was aber ist die Alternative zu bürokratischen Regeln? Laissez-faire und Willkür sind offensichtlich nicht die Lösung. Keine Organisation kommt vollständig ohne Steuerung, Standards oder Restriktionen aus. Wie also können wir der Selbstorganisation Leitplanken geben?

Prinzipien walten lassen

Mit Vertrauen als Grundeinstellung und einem positiveren Menschenbild lassen sich Steuerung und Kontrolle neu denken. Es gibt zahlreiche Unternehmen, die unter anderem durch diese Haltung sehr erfolgreich geworden sind. Statt Regeln nutzen sie Prinzipien. Diese ermöglichen viele Freiräume, formulieren aber gleichzeitig die hohe Erwartung, dass jeder Einzelne mitdenkt und Verantwortung übernimmt.

Netflix zum Beispiel hat erkannt, dass die besten Talente in Umfeldern arbeiten wollen, die ihnen Freiheit, Vertrauen und Selbstverantwortung schenken. In ihrem auch extern verbreiteten *Culture Deck* schreibt die frühere Personalleiterin Patty McCord sinngemäß: „Schlechte Prozesse neigen dazu, sich einzuschleichen. Wir versuchen, soweit möglich, Regeln loszuwerden." So gibt es bei Netflix grundsätzlich keine Regelungen oder Genehmigungsprozesse in Bezug auf Geschäftsreisen oder eine Kontrolle der Angemessenheit von Ausgaben für Hotels, Flüge oder Restaurants. Selbst die Anzahl der Urlaubstage liegt im Ermessen der Einzelnen. Als Handlauf gilt schlicht das Prinzip: „Handle im besten Interesse von Netflix."

Aber sind solche Prinzipien nicht viel zu unkonkret? Wo liegt denn da die Grenze? Regeln und Anweisungen steuern, indem sie sagen, was zu tun oder nicht zu tun ist. Prinzipien hingegen helfen im Umgang mit Komplexität, da sie grundsätzliche Entscheidungshilfe bieten. Das *Was* und das *Warum* sind klar, das *Wie* haben die Mitarbeiter:innen selbst in der Hand. Für den Ausnahmefall, dass jemand beispielsweise nicht im Interesse von Netflix handelt und einen unnötig teuren Flug bucht, wird auch mal gezielt gegengesteuert. Aber das ist eben nur ein Ausnahmefall. Wie in Kapitel 2 erörtert, sind Prinzipien im Vorteil, da sie nicht nur auf bekannte, sondern auch auf unbekannte Probleme angewendet werden können. Es muss also nicht jede Eventualität vorweggenommen werden. Das fördert und fordert die Eigenverantwortung und die kollektive Intelligenz im Umgang mit Entscheidungen und Grenzen.

Transparenz

Eine essenzielle Zutat für die erfolgreiche Navigation in komplexen Umfeldern ist radikale Transparenz. In vielen Unternehmen werden Daten wie beispielsweise Budgets, strategische Pläne oder Entscheidungsvorlagen für den Vorstand streng vertraulich behandelt. Weil den Leuten der Umgang mit vertraulichen Informationen nicht zugetraut wird (sie könnten diese ja nach außen weitergeben), werden die Geheimpapiere lieber weggeschlossen. Analog zum Handschuh im Materialschrank: Erst muss der Mitarbeitende darlegen, dass und warum er die Informationen braucht, dann bekommt er den Schlüssel. Dieses *Need-to-know-*Prinzip aber ist Gift für jede Selbstorganisation. Denn wie soll man wichtige Entscheidungen treffen als Teammitglied, ohne jederzeit und hürdenfrei einen Einblick in die relevanten Budgets oder strategischen Pläne zu bekommen?

Wissen und Informationen sind Macht – wenn sie den Akteur:innen vorenthalten werden, verharrt das System in den alten (Macht-) Strukturen. Um informiert zu agieren, braucht es maximale Transparenz. Diese Haltung zeigt sich bei *Google* beispielsweise darin, dass heute ein Großteil des Codes im Unternehmen offen zugänglich ist und das vereinzelt sogar Vorstandsmeetings „mitarbeiteröffentlich" veranstaltet werden.

Eine Herausforderung für börsennotierte Unternehmen ist ohne Zweifel, dass das Wissen um finanzielle Kennzahlen die Gefahr des „Insider Tradings" mit sich bringt. Um dem vorzubeugen, besprechen Aktienunternehmen finanzielle Indikatoren häufig nur in kleinen, handverlesenen Kreisen. Der Rest der Belegschaft erfährt erst durch die Pressemitteilung, wie das letzte Quartal gelaufen ist. Netflix geht auch hier einen anderen Weg: Auch diese Zahlen werden den Mitarbeiter:innen zugänglich gemacht. Lediglich eine PowerPoint-Folie wird vorangeschickt mit den Worten: „You go to jail, if you trade on this." („Du gehst ins Gefängnis, wenn du diese Informationen für Aktiengeschäfte nutzt.") Der CEO Reed Hastings schreibt dazu in seinem Buch *No Rules Rules:* „Es ist unser Job, die Mitarbeitenden wie Erwachsene zu behandeln, damit sie informierte Entscheidungen treffen können."

Ergebnisse zählen

Funktionieren solche Methoden auch außerhalb der Welt der Software-Giganten? Nur wenige Unternehmen haben so hoch bezahlte, hoch qualifizierte Mitarbeiter wie Google oder Netflix. Sprechen wir hier also von einem Heile-Welt-Modell der Luxusorganisationen?

Wir meinen: nein. Auch im eher bodenständigen Geschäft von *Best Buy* (einer Einzelhandelskette mit dem Schwerpunkt „Unterhaltungselektronik", vergleichbar mit Saturn oder Media Markt) hat sich gezeigt, dass es sich auszahlt, das Lenkrad loszulassen. Hier wurde ein sogenanntes *Results-Only-Work-Environment (ROWE;* auf Deutsch etwa: Nur Ergebnisse zählen) etabliert: ein auf der Idee der totalen Mitarbeiterautonomie basierendes Konzept, in dem jeder selbst wählen kann, wo, wann und wie er oder sie die Arbeit verrichtet, solange die Ergebnisse stimmen. Alle Meetings sind optional und Mitarbeiter sind angehalten, alle Tätigkeiten einzustellen, die ihre Zeit oder die des Kunden oder des Unternehmens vergeuden. Sie werden damit nicht an die oft zitierte lange Leine genommen, sondern brauchen gar keine.

Es geht alleine um das Erreichen kollektiv definierter Ziele und Ergebnisse. Die Analyse verschiedener ROWE-Organisationen lieferte messbare Argumente für das Potenzial dieses Ansatzes: weniger Krankheitstage, höhere Mitarbeiterzufriedenheit, weniger Fluktuation und nicht zuletzt eine signifikant höhere Produktivität. Und Best Buy verbuchte innerhalb kürzester Zeit mittlere zweistellige Produktivitätszuwächse.

Die Vorstellung, in einem solchen Umfeld zu arbeiten, mag verlockend klingen. Aber wie bereits dargelegt, ist der Übergang in eine Welt jenseits der Zäune kein Selbstläufer und er hat seinen Preis. Viele haben hervorragend gelernt, ihre Verantwortung an bürokratische Strukturen, an Regeln und heroische Führungskräfte abzugeben. Und sich dabei durchaus wohlgefühlt. Doch das ist in der Selbstorganisation keine Option mehr. Alle sind aufgefordert, Verantwortung zu übernehmen.

Kapitel 11

Zuckerbrot und Peitsche

*"There is nothing so rewarding as to make people realize
that they are worthwhile in this world."*
Robert J. Anderson

Wer in größeren Unternehmen tätig ist, kennt das Ritual: Meistens Anfang Januar flattert der Kalendereintrag zu „Zielsetzung & -vereinbarung" ins Postfach. Dann kommt man mit dem oder der Vorgesetzten zusammen, diskutiert und verhandelt, welche eigenen Ziele sich von denen der oberen Ebenen kaskadieren lassen, und hält diese im System fest. Mal mehr, mal weniger nimmt man sich während des Jahres Zeit, um die Ziele zu überprüfen; dann beteuert man in der Regel, man sei auf dem richtigen Weg – alle Ampeln auf Grün. Wenn nötig, werden punktuell einzelne Ziele revidiert, da sich die Welt ja inzwischen weitergedreht hat.

Am Ende des Jahres dann wird dort, wo noch mehr kostbare Zeit und Intelligenz in den Prozess investiert wird, munter kalibriert: Die Führungskraft bringt gemeinsam mit ihren „Peers" (den Führungskolleg:innen der gleichen Ebene) alle Mitarbeiter der nächstunteren Ebene auf ein Ranking. Und jetzt wird's ernst: Wer wird in diesem Jahr – basierend auf den reichlich subjektiven Ratings – zum *Top Talent* oder *High Potential* ernannt – und wer kann leider nicht in diesen elitären Pool aufgenommen werden?

Abgeschlossen wird das Ganze dann zwischen Manager:in und Mitarbeiter:in mit einem Rückblick und dem offiziellen Leistungsbewertungsgespräch. Wieder wird ein wenig verhandelt und um die Zielerreichung herumgetänzelt. Der Mitarbeiter will ein möglichst hohes Rating sehen, hängt doch sein Bonus und oft auch seine potenzielle Beförderung daran. Der Manager pokert eher um eine etwas niedrigere Bewertung: Er muss ja, so hat er es gelernt, „den Druck aufrechterhalten" und außerdem seine limitierten Ressourcen so einsetzen, dass möglichst viele im Team motiviert bleiben.

Leider werden in diesem Abschlussgespräch die Leistungsbewertung und der Entwicklungsdialog direkt in einen Topf geworfen – ist einfach effizienter. Formell bekommt der Mitarbeiter nun die Ableitung seines Bonus auf Basis der Zielerreichung. „Gut so, einfach weitermachen" oder „Nächstes Jahr muss mehr gehen, da ist noch Luft nach oben", oder auch „An deiner Kommunikation musst du noch arbeiten", heißt es etwa zusammenfassend zum Ende des Gesprächs. Im Ergebnis ist die Mitarbeiterin dann entweder frustriert oder, wie meist der Fall, einfach indifferent und desillusioniert. Man kennt das Ritual ja nun schon seit geraumer Zeit. „The same procedure as every year."

Auf dem Weg in die Selbstorganisation wirken solche Personalprozesse wie ein Anker, der uns in der Vergangenheit festhält. Dabei ist kaum etwas so unbeliebt und ermüdend wie die jährliche Zielvereinbarung und die dazugehörige Leistungsbeurteilung, also das *Performance Management*. Woran liegt das? Auf der Suche nach einer Hochleistungskultur greifen Unternehmen auf traditionelle Ansätze zurück. Diese fußen auf der Annahme, dass Leistung ein individueller Wertschöpfungsprozess sei, welcher gemanagt werden kann – und damit auch muss.

In den meisten Unternehmen ist dieser Ansatz zu einer bürokratischen Übung geworden, die mehr Selbstzweck ist, als dass sie wirklich eine Leistungskultur fördert. Eine gefährliche Kontrollillusion, ein Steuerungsmythos, der Jahr für Jahr wiederbelebt wird – mit hohen Kosten und fatalen Nebenwirkungen.

Traditionelles Performance Management basiert im Wesentlichen auf drei Annahmen:

- Anfang des Jahres ist absehbar, was im restlichen Jahr zu tun sein wird.
- Individuelle Leistung lässt sich bewerten, bemessen und vergleichen, und zwar am besten durch die Führungskraft.
- Menschen lassen sich am effektivsten durch extrinsische Anreize motivieren und steuern.

Die erste dieser Annahmen haben wir bereits ausführlich in Kapitel 4 thematisiert und hinterfragt. In diesem Kapitel widmen wir uns der zweiten und dritten ausführlicher. Wie wir sehen werden, sind die Grundpfeiler der *Meritokratie* (der Herrschaft des Leistungsprinzips) in einer zunehmend dynamischen Arbeitswelt immer fragwürdiger. Nehmen wir also Performance Management auseinander – und setzen es so wieder zusammen, dass es in die heutige Zeit passt und endlich wieder positiv wirken kann.

Konditioniert und vorprogrammiert

Eine *Corporate Executive Board (CEB)*-Studie ergab 2015, dass ein Unternehmen mit 10.000 Mitarbeiter:innen durchschnittlich 32 Millionen EUR oder pro Manager:in über 200 Stunden jährlich in den Performance-Management-Prozess investiert. Ein so gewaltiger Ressourceneinsatz sollte erwarten lassen, dass die positiven Effekte daraus massiv sind. Was also versprechen sich Unternehmen von diesem immens hohen Aufwand?

Primär sollen Anreize für höhere Leistung gesetzt und Transparenz beziehungsweise Fairness geschaffen werden. Wie stellt man sicher, dass diejenigen, die hart arbeiten, auch belohnt werden? Wie entlarvt man Faulenzer und Trittbrettfahrer? Wie identifiziert man die „Superstars" mit Potenzial? Darüber hinaus soll der Überblick gewahrt und die Organisation ausgerichtet werden: Jeder muss doch wissen, was er zu tun hat! Wie also stellt man sicher, dass an den richtigen Themen gearbeitet wird? Wie dreht man das Schiff in die richtige Richtung und hält den Kurs?

Auf den ersten Blick liefert das beschriebene klassische Performance Management einfache Antworten auf diese Fragen. Sieht man Menschen als optimierbare Ressource, als primär durch Geld motivierte Rädchen im Getriebe einer durchprogrammierten Umsetzungsmaschine, dann ist dieser Ansatz nur konsequent. Was gut ist, belohnen, was schlecht ist, bestrafen – das Unternehmen konditioniert auf Höchstleistung. Und wenn alle zu Beginn des Jahres von oben ihre Ziele bekommen, ist klar, wo es langgeht. Danach muss nur noch umgesetzt werden. Ein schönes, einfaches Bild. Doch entspricht es der Realität in unseren Unternehmen?

Das grundlegende Problem ist nicht der Wunsch nach Leistung. Leistung sollte sich lohnen beziehungsweise belohnt werden und Faulenzen oder soziales Trittbrettfahren dürfen nicht ohne Konsequenzen bleiben. Auch Ziele sind nicht das Problem. Eine hohe Klarheit über den Beitrag jedes Mitarbeiters zur Strategie ist essenziell. Unternehmen existieren nicht zum Selbstzweck, sie sollen Wert schöpfen, also ist eine hohe individuelle und kollektive Leistungsfähigkeit selbstverständlich ein zentrales Ziel. Dies ist bei vermehrter Selbstorganisation sogar noch wichtiger, da weniger durch kleinteiliges Management gesteuert wird und stärker durch einen klare gemeinsame Ausrichtung.

Das Ziel ist also das richtige – aber die Methode ist in einer zunehmend komplexen Wirtschaftswelt die falsche. Die Anzeichen häufen sich, dass klassisches Performance Management – fokussiert auf Individuen, eng gekoppelt an finanzielle Anreize, mit jährlichen Zielvereinbarungen – nicht nur nicht wirkt, sondern sogar starke negative Effekte hat. Anstatt zu motivieren und die Kooperation effektiver und effizienter zu machen, wirkt es demotivierend und schwächt den Zusammenhalt.

Kaum jemand glaubt überhaupt noch an die Wirksamkeit von Zielvereinbarungen. Eine Befragung von 700 Mitarbeitenden ergab: Auf die Frage „Was würde passieren, wenn es morgen keine Zielvereinbarungen mehr gäbe?" war die häufigste Antwort (35 Prozent): „Nichts." Und auch unter den befragten Führungskräften rechneten nur 6 Prozent damit, dass aus einer Abschaffung ein Leistungsabfall folgen würde.

Ist das nur ein subjektiver Eindruck, weil Menschen sich eben ungern gegängelt und fremdgesteuert fühlen – obwohl die Methode in der Realität durchaus wirkt? Nein, denn Meta-Analysen zur Wirksamkeit egozentrischer Ziele und zur Steigerung der individuellen Leistung zeigen zahlreiche negative Effekte: Diese Methoden untergraben die intrinsische Motivation, sie schwächen die gemeinsame Leistung von Gruppen und sie fördern unethisches Verhalten. Darüber hinaus ist ein Scheuklappeneffekt zu beobachten: Wer der Karotte hinterherläuft, verliert den Blick für das Ganze. Kreativität und Kollaboration leiden – also genau die Faktoren, die insbesondere in der Wissensarbeit den entscheidenden Unterschied bedeuten können.

Wo sind meine besten Leute?

Aufbauend auf der Zielerreichungslogik begehen viele Unternehmen einen Folgefehler: Weil sie Leistung rein individuell denken, ist es logisch, dass sie auch unbedingt wissen wollen, wer eigentlich die sogenannten Höchstleister:innen und Potenzialträger:innen in der Organisation sind. Die Auswahl erfolgt nicht selten auf Basis einer *9-Felder-Matrix*, die Performance und Potenzialeinschätzung übereinanderlegt und damit (angeblich) zeigt, wer besonders viel Sprungkraft zum Wechsel auf das nächste Karrierelevel oder die nächstkomplexe Rolle besitzt. Aber auch objektivere und strukturiertere Assessment-Tools versprechen dasselbe: die Spreu vom Weizen zu trennen und eine Indikation zu liefern, in welchen Mitarbeiter oder welche

Mitarbeiterin es sich besonders zu investieren lohnt, damit man diese schnell entwickeln kann.

Der Arbeitsaufwand für Führungskräfte und Personalabteilungen ist horrend, wie die oben zitierte Studie zeigt. Oft steht eine komplexe Maschinerie bereit, um Potenziale zu identifizieren, zu validieren und dann die Potenzialträger für exklusive Programme zu nominieren und schnellstmöglich in die wichtigsten Rollen im Unternehmen zu setzen. Aus eigener Erfahrung können wir jedoch bestätigen, was auch der Leistungsforscher und Bestsellerautor Marcus Buckingham in seinem Buch *Nine Lies About Work* durch zahlreiche Studien darlegt: Eine sinnvolle Potenzialermittlung braucht immer eine Richtung. Es sollte also immer um das Potenzial für eine bestimmte Rolle, für eine bestimmte Tätigkeit gehen anstatt um Potenzial an sich. Zudem weisen die üblichen Instrumente zur Potenzialmessung deutliche Defizite auf. Zwar versucht man in den letzten Jahren durch immer ausgefuchstere Methoden, Faktoren wie „kognitive Intelligenz" oder „intellektuelle Neugier" zu messen, aber die Praxis zeigt eine recht unbefriedigende Trefferquote.

Das hat allerdings weniger mit den Instrumenten zu tun als vielmehr mit der Tatsache, dass das Betrachten und Vermessen des Individuums oft kontextfrei geschieht. Anstatt eignungsdiagnostisch valide Mittel wie Arbeitsproben zu nutzen, werden die Kandidat:innen buchstäblich im luftleeren Raum evaluiert und nicht im Zusammenspiel mit dem Gesamtsystem, in dem sie doch agieren sollen.

Aber ist die Arbeit mit Schablonen zur Vermessung einzelner Mitarbeiter:innen überhaupt das probate Mittel, um nachhaltige Hochleistung im Unternehmen zu erzielen? Wir glauben eher, dass man wegkommen muss von der Überfokussierung auf individuelle Potenzialträger und sich eher der intelligenten Schaffung von Hochleistungsteams widmen sollte. Die einzelnen High-Performer aus dem Kontext zu nehmen und zu versuchen, ihre Leistungsfähigkeit zu maximieren, ist zu mechanisch gedacht. Unserer Meinung nach investieren Unternehmen zu viel Zeit und Geld in die Analyse von Stärken und Schwächen ihrer Leute, verbunden mit der Absicht, die Schwächen (oder besser noch: die Schwächeren) möglichst schnell und vollständig loszuwerden.

Das darunterliegende Problem ist, dass Unternehmen das Potenzial und die Kompetenzen ihrer Mitarbeiter:innen mit einem standardisierten Modell messen und die Leute dann entlang diesem Modell entwickeln wollen. Es erinnert bisweilen an den Betrunkenen, der die Straßenlaterne nicht mehr als Lichtquelle, sondern als Stehhilfe missbraucht. Der rundum perfektionierte und entwickelte High-Performer oder High-Potential ist eine Kreatur aus der Theorie. Im echten Leben ist jeder Leistungsträger und jede Leistungsträgerin im Unternehmen ein einzigartiges Individuum – und liefert aus genau diesem Grund überragende Arbeit ab. Weil sie es verstehen, ihre Einzigartigkeit einzusetzen. Mitarbeiterentwicklung sollte also weniger bedeuten, zu eruieren, wo man eine zu beseitigende Schwachstelle findet oder eine weitere Fähigkeit benötigt, die der oder die Betreffende nicht in sich trägt, sondern herauszufinden, wie man die Wirksamkeit der vorhandenen Fähigkeiten steigern kann.

Es ist unsinnig, dass Organisationen sich so intensiv damit beschäftigen, die Ecken und Kanten der Mitarbeiter abzuschleifen und ihr Profil „abzurunden" wie es so schön heißt. Man sollte stattdessen die (stets vorhandenen) Schwächen akzeptieren und mehr dafür tun, außerordentliche Stärken besser zur Geltung zu bringen. Wenn man einen Top-Abwehrspieler in den Sturm stellt und versucht, seine unterentwickelten Torschussqualitäten zu verbessern, dann vergeudet man nur Zeit und Potenzial. Ganz klar, es gibt einige Basisqualifikationen und Kompetenzen, die man von allen Mitarbeiter:innen verlangen darf. Hat jemand etwa Defizite in der Kommunikation, kann man daran arbeiten und diese Qualität ein wenig nach oben schrauben. Man sollte sich aber der Realität stellen, dass die Wahrscheinlichkeit, am Ende einen zweiten Martin Luther King auf der Bühne zu haben, eher gering ist.

Hinzu kommt: Der Versuch, einzelne Leistungsträger zu definieren und diese dann „fitter" zu machen, wird immer nur bedingt funktionieren, weil wir damit Individuen aus dem System nehmen, sie zu optimieren versuchen und danach wieder zurücksetzen. Denn wie beschrieben entstehen Arbeit und Leistung im Kontext, also immer mehr zwischen und gemeinsam mit anderen Menschen – und weniger durch Soloauftritte einzelner High-Potentials. Um in der Sportanalogie zu bleiben: Im Mannschaftssport findet Training zum großen

Teil im Team statt und nicht mit Einzelpersonen. Und auch im Spiel selbst ist der Einzelkönner nichts ohne seine Mannschaft. Wenn Leistung also systemisch gedacht wird statt individuell, dann lohnt sich auch die Investition in das System statt in einzelne „Stars".

Pay for Performance

Die Empirie zu intrinsischer und extrinsischer Motivation zeichnet seit Jahrzehnten ein immer klareres Bild. In seinem millionenfach verkauften Buch *Drive* legt der Motivationsexperte Daniel Pink dar, wie Mitarbeitermotivation wirklich funktioniert – und vor allem: wie eben nicht. Umso erstaunlicher ist es, dass in unseren Unternehmen im Jahr 2021 immer noch vorwiegend mit den Instrumenten Zuckerbrot und Peitsche gearbeitet wird.

Wie bereits gezeigt, wird Arbeit immer schwerer planbar, beschreibbar und messbar. Und trotzdem versucht man weiterhin, über routineartige Zielvereinbarungen und Leistungsbewertungen die Richtung vorzugeben und das Tempo zu maximieren. Wenngleich der Prozess mit neuen Ansätzen wie den bereits beschriebenen OKRs durchaus zeitgemäßer wird, bleibt das zugrunde liegende Menschenbild dasselbe.

Der Fehler liegt darin, die Frage „Wie motiviere ich Menschen?" aus einer rein wirtschaftlich-rationalen und nicht auch aus einer psychologisch-soziologischen Perspektive zu betrachten. Wenn Organisationen sich fragen, wie sie ihre Mitarbeiter zum Lernen, zur Arbeit, zur Ihren Aufgaben motivieren können, sind sie auf dem Holzweg. Denn Motivation ist nichts, das Menschen angetan wird, sondern sie entsteht im Menschen selbst. Dazu kommt dann der Irrglaube, es gehe nur um oder über den schnöden Mammon. Es ist jedoch mittlerweile wissenschaftlich sehr klar bewiesen, dass Anreize in Form von Belohnung und Bestrafung bei allen Nicht-Routinearbeiten nicht nur wirkungslos sind, sondern sogar kontraproduktiv sein können. Wenn man also Menschen in Situationen, in denen sie eigenmotiviert hart arbeiten und alles für das Projekt und Unternehmen geben, mit finanziellen Anreizen bedenkt, kann das den Antrieb der Mitarbeiter, den sie aus sich heraus haben, sogar unterhöhlen, statt ihn zu steigern. Der Psychologe Barry Schwartz fasst es wie folgt zusammen: „Extrinsische Motivation, wie das Streben nach Geld, unterminiert die intrinsische."

Was in Kapitel 5 in Bezug auf KPIs auf Organisationsebene angesprochen wurde, gilt auch individuell: Wenn Boni und andere Vergütungselemente an Kennzahlen gekoppelt werden, schafft man Fehlanreize und setzt die Motivation von Menschen aufs Spiel. Wenn man beispielsweise für Blutspenden Geld bezahlt, spenden am Ende weniger Menschen Blut. Im Sinne des *homo oeconomicus* ergibt das keinen Sinn, aber dieser sogenannte *crowding-out-effect* (Verdrängungseffekt) wurde von Verhaltensökonomen und Psychologen in unterschiedlichsten Kontexten nachgewiesen. Er beschreibt die Verdrängung intrinsischer Motivatoren durch extrinsische wie etwa finanzielle Gratifikationen. Wir sind innerlich motiviert, etwas Gutes zu tun, und wollen deshalb Blut spenden – doch wenn es zu einer reinen Transkation wird, Geld gegen Blut, dann wird die Blutspende gefühlt entwertet und die Motivation geht flöten.

Geld ist wichtig, aber es ist, wie der Psychologe Frederick Herzberg sagt, nur ein „Hygienefaktor". Menschen wollen sich fair bezahlt fühlen. Wenn dies der Fall ist, wird eine Gehaltserhöhung oder ein Bonus kaum nachhaltig zur direkten Motivation beitragen. Nun könnte man mit Recht einwenden, dass sich beispielsweise die Verkäufer in den meisten Unternehmen extrem gut über Anreizmodelle steuern lassen und oft ein geringeres Grundgehalt haben, welches sie dann durch den generierten Umsatz individuell massiv steigern können. Deshalb differenziert Daniel Pink, indem er feststellt, dass bei „algorithmischer" Arbeit, die einer genauen Handlungsvorschrift folgend und repetitiver Natur ist, Anreize durchaus noch wirksam sein können.

Bei „heuristischen" Tätigkeiten jedoch, bei denen es darauf ankommt, kreativ vom Weg abzuweichen und neue Strategien zu entwickeln, haben Belohnungs- und Bestrafungsmechanismen die genannten negativen Folgen. Bei solchen Aufgaben (die eine immer größere Rolle für die Wertschöpfung in Unternehmen spielen) geht es um die Lösung neuartiger Probleme oder darum, etwas Neues zu schaffen. Durch den Versuch des Motivierens von außen wird die Motivation gedämpft und die Leistung geschmälert.

Pay for Performance, die Bezahlung nach vorab definierten Leistungsindikatoren, setzt zudem häufig starke Fehlanreize. Eine Torprämie für den Stürmer macht das Team in der Regel weniger erfolgreich, weil er eigensinnig auch dann aufs Tor schießt, wenn ein Pass zum günstiger postierten Nebenmann besser gewesen wäre. Der Softwareentwickler, der nach Codezeilen bezahlt wird, schreibt absichtlich komplexere Codes. Der Lagerdisponent, der einen Bonus für jedes bereinigte Lagersegment erhält, wird als Erstes die Struktur des Lagers verändern, hin zu einer kleinteiligeren Segmentierung. Die Liste ließe sich endlos fortsetzen. Die gut gemeinten Anreize führen oft zu lokaler, individueller Optimierung, aber zugleich zu einer Verschlechterung im Gesamtsystem.

Vom Performance Management zur Leistungskultur

Wie kann man nun systematisch vom stumpfen Instrument des Leistungsmanagements zu einer wirklichen Leistungskultur kommen? Das ist keine triviale Frage. Eine der Schwierigkeiten dabei ist, dass der Output, die Ergebnisse einer Hochleistungskultur, durchaus sichtbar ist, jedoch der Input, also die Zutaten, die zu einem solchen Umfeld führen, von Organisation zu Organisation, von Projekt zu Projekt und von Person zu Person durchaus variieren kann. So wie es keine Einheitsschablone für die „richtige" Mitarbeiterin gibt, so existiert diese auch nicht für eine ultimative Leistungskultur. Dennoch ist viel bekannt darüber, wie Teams und Organisationen zu Höchstleistungen befähigt werden.

In ihrem Buch *The Fearless Organization* geht die Professorin Amy Edmondson von der Harvard Business School auf das *Project Aristoteles* ein, das Google 2015 mit dem Ziel gestartet hat, herauszufinden, was eine Hochleistungskultur ausmacht: „What makes a team effective?" Ursprünglich war das Ziel, herauszufinden: Wie sieht die optimale Teamkonstellation aus? Welche Persönlichkeiten, welche Eigenschaften müssen die Individuen mitbringen? Ein Rezept für Teams sozusagen.

Die Analyse der über 200 Interviews mit etwa 180 Google-Teams kam wider Erwarten zu dem Schluss, dass es keine so große Rolle spielt, *wer* in einem Team ist. Viel wichtiger ist die Art und Weise, *wie* die Teammitglieder miteinander interagieren. Den Unterschied entsteht durch das Zusammenwirken im System, nicht durch die Eigenschaften seiner Einzelteile. Dabei kristallisierten sich fünf Schlüsseldynamiken heraus, die erfolgreiche Teams bei Google von anderen unterscheiden:

1. Psychologische Sicherheit: Können wir in diesem Team Risiken eingehen, ohne uns unsicher oder peinlich berührt zu fühlen?
2. Verlässlichkeit: Können wir uns darauf verlassen, dass alle pünktlich qualitativ hochwertige Arbeit leisten?
3. Struktur und Klarheit: Sind Ziele, Rollen und Ausführungspläne in unserem Team klar?
4. Sinn der Arbeit: Arbeiten wir an etwas, das für jeden von uns persönlich wichtig ist?
5. Auswirkung der Arbeit: Glauben wir grundsätzlich, dass die Arbeit, die wir tun, wichtig ist?

Die erste Ingredienz, nämlich psychologische Sicherheit, wies die stärkste Korrelation mit Hochleistung aus. Edmondson geht in ihrem Buch auf zahlreiche Ausprägungen dieses ausschlaggebenden Faktors ein und auch darauf, wie man psychologische Sicherheit in Organisationen erreichen kann. Sie definiert sie wie folgt:

„… die Überzeugung, dass die Arbeitsumgebung sicher für zwischenmenschliche Risikobereitschaft ist. Das Konzept bezieht sich auf die Erfahrung, dass man in der Lage ist, relevante Ideen, Fragen oder Bedenken anzusprechen. Psychologische Sicherheit ist gegeben, wenn Kollegen einander vertrauen und respektieren und sich in der Lage, ja sogar verpflichtet fühlen, offen zu sein."

Menschen brauchen ein Umfeld, in dem sie authentisch als Gesamtperson und Persönlichkeit auftreten dürfen: sich verletzlich zeigen, Fehler machen und sich weiterentwickeln. Aspekte wie Offenheit und eine Feedbackkultur, kombiniert mit einem hohen Maß an Vertrauen, schaffen einen fruchtbaren Boden für eine Hochleistungskultur in Unternehmen. Beispiele sind die deliberately developmental organisations, über die wir im Kapitel 9 gesprochen haben.

Neben der psychologischen Sicherheit, deren stark leistungs-
fördernde Wirkung wir in unserem eigenen Organisations- und
Teamumfeld beobachten durften und dürfen, sind wir überzeugt
davon, dass Mitarbeiter:innen einen übergeordneten Sinn und
Zweck brauchen, damit sich eine Kultur der Spitzenleistung
etablieren kann. Das sollten einfache Prinzipien sein, die den
Menschen zu verstehen helfen, welches ihr Beitrag sein soll.
Anstatt endlose Stunden damit zu verbringen, Ziele zu definie-
ren, zu kaskadieren und zu bewerten, sollte klar und offen zum
Ausdruck gebracht werden, was warum von Einzelpersonen und
Teams erwartet wird. Dann kann man sich stärker auf ihre Ent-
wicklung konzentrieren statt auf abhakbare Zielmarken.

Leistung muss selbst organisiert werden

Ein leistungsbereites Team entsteht, wenn nach dem Motto
„Leistung geht uns alle an" die Verantwortung gemeinsam getragen wird. Dabei geht es nicht um ein Arbeitsumfeld, das alle
in Watte packt und in dem jeder macht, wozu er gerade Lust hat,
und nach Belieben erscheint oder wegbleibt. Im Gegenteil: Solche Kontexte sind für alle Beteiligten hochgradig anspruchsvoll.
Auch hier kann man vom Mannschaftssport lernen: Der Solidari-
tätsgedanke bei geteilter Verantwortung mobilisiert mehr intrinsischen Druck, als abstrakte Belohnungs- und Sanktionssysteme
das jemals könnten. Selbstorganisation bedeutet also nicht, dass
man es hinnehmen muss, wenn jemand nicht mitzieht und als
Trittbrettfahrer den Rest des Teams ausnutzt, nur weil es das
klassische hierarchische „Durchgreifen" nicht mehr gibt. Eine
durch Gruppendruck *(peer pressure)* erzeugte Leistungskultur
ist hochgradig effektiv. Aber sie ist auch anspruchsvoll.

Auch auf unserer Reise in die Selbstorganisation war dies eine
der größten Herausforderungen. Es erfordert viel Mut und eine
feinfühlige Kommunikation, vertrauten und geschätzten Kol-
leg:innen direktes und ehrliches Feedback zu ihrer Leistung und
ihrem Beitrag zu geben. Es ist einfach, sich darüber aufzuregen,
dass eine Führungskraft es zulässt, wenn ein Kollege es sich bequem macht. Viel schwieriger ist es, selbst auf diesen Kollegen
zuzugehen und zu sagen: „Mein Eindruck ist, dass du deine
Rolle nicht ausfüllst." Wenn Führung verteilter gelebt wird,
verlieren wir den bequemen Blitzableiter, auf den wir vorher

solche schwierigen Themen abwälzen konnten. Aber wenn wir es schaffen, ein psychologisch sicheres Umfeld zu kreieren, in dem auch solche Spannungen konstruktiv genutzt werden, dann sind wir zu Höchstleistungen fähig. Entlang von Prinzipien der Selbstorganisation kann man ein Leistungsumfeld entwickeln, in dem es sich auszahlt, Gas zu geben, die Extrameile zu gehen, Eigentümerdenken an den Tag zu legen und durch seine Schöpferkraft kreativ zu werden.

Die Defizite des vorherrschenden Performance-Management-Ansatzes zeigen zunehmend auf, dass Ziele und Leistung sinnvoller als kontinuierlicher Lernprozess auf Team- und Organisationsebene zu verstehen sind, einem stärker iterativen Anpassungsprozess unterliegen sollten und im Gesamtsystem effektiver wirken können, je mehr Elemente der Selbstorganisation zum Tragen kommen.

Kollektive Intelligenz

Wie unter anderem im Buurtzorg-Beispiel sichtbar wird, existieren in einem selbstorganisierten System sehr wohl Leistungsindikatoren. Nur werden sie nicht von oben auferlegt, sondern von den einzelnen Teams kollektiv definiert – stets das Gesamtunternehmensziel im Blick und mit einer klaren Ausrichtung und einem *Commitment*, worin der jeweilige Beitrag des einzelnen Teams besteht. Der Dialog im Team schafft die notwendige Transparenz, damit jeder Einzelne seinen eigenen Beitrag ableiten oder in der Teamdiskussion klären kann. Damit macht man sich die gesamte Intelligenz des Teams zunutze und schafft eine hohe multilaterale Verbindlichkeit, die jeden Einzelnen einschließt. Wir schlagen also vor, Zielsetzung und Zielvereinbarung kollegial im Team zu entwickeln. Damit wird Führung und auch Macht dorthin verschoben, wo die wirkliche Verantwortung für den Unternehmenserfolg liegt.

In vielen Unternehmensbereichen bieten sich statt Individualzielen mittlerweile ohnehin eher Kollektivziele auf Team-Ebene an, die dann beispielsweise über OKRs definiert, quartalsweise überprüft und agil angepasst werden können. Auch wenn viele der lieb gewonnenen Stabilität der Vergangenheit nachtrauern: Die Veränderungsrate in den meisten Bereichen ist zu hoch für statische, nur einmal im Jahr niedergeschriebene Ziele.

Anstatt also Jahresziele zwischen Mitarbeiter und Führungskraft zu vereinbaren, setzt man – vorzugsweise kollektiv – Ziele für kürzere Zyklen. Sie dienen der gemeinsamen Ausrichtung und helfen zu verstehen, wo es läuft und wo neu kalibriert werden muss. Das passt zur stärker iterativen Strategieentwicklung und -umsetzung (wie in Kapitel 4 beschrieben), die umso effektiver wird, je mehr Zugang man den Leuten zu allen relevanten Daten und Informationen gibt.

Multiperspektivität

Aber kann man Leistung in einem solchen System überhaupt hinreichend bewerten? Wir meinen: definitiv. Die kollektiv vereinbarten Ziele dienen als Referenz für Feedback in alle Richtungen. Wer sagt denn, dass Leistungsbewertung und Feedback zu Entwicklungsnotwendigkeiten nur *top-down* und nicht auch *bottom-up* abzulaufen haben? In einer lernenden und sich stets verbessernden Organisation geht es in erster Linie darum, das große Ganze nach vorne zu bringen und die Eitelkeiten und Egos von Einzelnen hintanzustellen. Dann verlagert sich der Fokus auf die gemeinsame Leistung und die geteilte Verantwortung. Bei SAP bewerten die Mitarbeiterinnen und Mitarbeiter in der Regel zweimal im Jahr ihre Manager anhand von vier Fragen, die Aufschluss über deren Führungsqualität geben, wie etwa die nach dem Vertrauen in die Führungskraft. Dieses Feedback wird zu einem sogenannten „Leadership Index" zusammengefasst und mündet im Falle niedriger Werte in strukturierte Entwicklungsmaßnahmen, die der Führungskraft nahegelegt werden.

Als Nebeneffekt von 360-Grad- und kollektiveren Feedback-Ansätzen entsteht Leistungsdruck dann nicht plump von oben, sondern in einem Netzwerk aus Beziehungen. Auch wird dadurch ein Mehr an Objektivität gewährleistet, denn wie Analysen von Bewertungsprozessen zeigen, sagt das Rating seitens der Führungskraft oft mehr über den Bewerter aus als über den Bewerteten („idiosynkratischer Rater-Effekt").

Das oben beschriebene jährliche ritualisierte Zielerreichungsgespräch zwischen Chef und Mitarbeiter entfällt in unserem Modell. So wie die Arbeitsleistung permanent erbracht wird, sollte auch das Feedback möglichst unmittelbar stattfinden, etwa durch Formate wie die *Retrospektive* oder regelmäßige Mitarbeitergespräche. So entstehen engere Lernschleifen und keine langen Gesichter oder größere Überraschungen, wenn am Ende des Jahres plötzlich eine schlechte Bewertung auftaucht. Nicht erfüllte Erwartungen, unklare Verantwortlichkeiten oder Zielkonflikte werden sehr viel schneller angesprochen und können ad hoc korrigiert werden. Auch hier kann man vom Mannschaftssport lernen: Es wäre absurd, wenn der Trainer erst am Saisonende, nach dem Abstieg, zur Generalkritik ausholte und Fehlentwicklungen ansprächte. Besser ist es, wenn die Spieler das direkt nach dem Spiel oder sogar auf dem Platz selbst erledigen und etwas verändern.

Beim von uns favorisierten Vorgehen steht die Entwicklung im Vordergrund und nicht eine Bewertung, die dann (hoffentlich) eine Bonuszahlung auslöst. Diese traditionelle Methode erinnert doch sehr an die bang erwartete Zeugnisvergabe in der Schule. Für erwachsene, eigenständige Mitarbeiter:innen ist sie nicht angemessen.

Verdienen, was man verdient

Wenn wir Hierarchien neu denken und Leistung kollektiver verstehen, dann landen wir natürlicherweise irgendwann auch bei der Frage: Was bedeutet das für die Gehälter? Hier wird momentan viel ausprobiert, geforscht und publiziert.

Was genau es für die einzelne Organisation bedeutet, kann sehr unterschiedlich sein. Viele selbstorganisierte Teams gehen deutlich transparenter mit Bezahlung um, das heißt, die Gehälter sind kein Geheimnis mehr. Einige gehen noch einen Schritt weiter und handeln ihre Gehälter jedes Jahr neu miteinander aus in einem gemeinsamen, offenen Dialog. Klar ist: Wenn wir Verantwortung breiter verteilen, sollte auch das Gefälle der Vergütung innerhalb des Unternehmens flacher werden.

Doch bedeutet das im Umkehrschluss, dass ein DAX-CEO nicht mehr so viel verdienen darf? Oder ist es für diese exponierte Rolle wichtig – auch in verstärkter Selbstorganisation –, dass er weiterhin überdurchschnittlich und marktgerecht vergütet wird? Hier sollte jedes Unternehmen schrittweise seinen eigenen Weg zu neuen Lösungen suchen.

Wenn wir nicht mehr basierend auf Leistungsbewertungen belohnen – wie kann man überdurchschnittliche Beiträge dennoch honorieren? Schließlich sind eben nicht alle gleich und wir plädieren auch nicht dafür, dass alle dasselbe bekommen, unabhängig von ihrem Engagegement und ihrem Beitrag.

Wie Daniel Pink in *Drive* erläutert, sind unerwartete *Ex-post*-Anerkennungen deutlich wirksamer als *ex ante* formulierte Ziele und ein Wenn-dann-Bonus. Deswegen setzen zahlreiche Unternehmen, darunter auch SAP, mittlerweile verstärkt auf das Instrument des „Spot Award", also eine Einmalzahlung, die herausragende Ergebnisse oder die oft zitierte Extrameile wertschätzt. Damit können besondere Leistungen gewürdigt werden, ohne dass die zahlreichen negativen Nebenwirkungen extrinsischer Anreize ihr Unwesen treiben.

In der Konsequenz plädieren wir bei den allermeisten Tätigkeiten auch für die Abschaffung variabler Bonuszahlungen. Wie oben erläutert, mag es Gründe geben, die Vertriebsmitarbeiter:innen von dieser Regelung auszunehmen. Man kann auch durchaus variable Komponenten in die Vergütung einbauen, wenn man vor ausschließlichen Fixgehältern zurückscheut. Wir schlagen allerdings vor, diese dann an *gemeinsame* Ziele und Messgrößen zu koppeln, wie zum Beispiel den Unternehmenserfolg. Laufen die Geschäfte gut, partizipiert die Belegschaft durch zusätzliche Ausschüttungen. In mageren Jahren ist dieser Betrag dann konsequenterweise geringer oder fällt auch mal ganz aus. Damit werden die Mitarbeiter indirekt zu Miteigentümern, was noch weiter gefördert werden kann, indem man jedem eine Zuteilung oder ein Anrecht auf Unternehmensaktien gewährt.

Wenn wir uns gegen einen individuellen Faktor beim Bonus aussprechen, geht es uns nicht nur um die bereits beschriebenen Fehlanreize, sondern auch um die diffizile Umsetzbarkeit und die Wahrnehmung fehlender Fairness durch viele Mitarbeiter:innen. Bei SAP wurden vor einigen Jahren alle Angestellten in Deutschland befragt, ob ihr Bonus auf individuellem oder auf dem Unternehmenserfolg basieren sollte. Sage und schreibe 96 % sprachen sich damals für letzteren Ansatz aus, weil sie die schiere Abhängigkeit des Bonus vom Gutdünken einer Person (nämlich des Vorgesetzten) ablehnen und auch die endlosen

Diskussionen und Verhandlungen rund um Zielerreichung und Ratings satt hatten.

Bleibt noch die Frage, wie man denn stärker ambitionierten Mitarbeiterinnen die Möglichkeit eröffnet, ihr Gehalt zu steigern. Ganz einfach: indem man ihre Arbeit wertschätzt, sie befördert, ihnen also eine neue Rolle mit mehr Verantwortung anbietet, mit der dann auch ein höheres Gehalt einhergehen kann. Damit wird Leistung belohnt, aber eben nicht im konventionellen Sinne der Zielerreichung, sondern mit klarem Fokus auf die Entwicklung und den Grad an übernommener Verantwortung. Wie man derartige Beförderungen festlegt? In Selbstorganisation geübte Firmen wie der brasilianische Mischkonzern *Semco Group* (geführt von Ricardo Semler, einem Pionier in Sachen Unternehmensdemokratie und Selbstorganisation) lassen die Teammitglieder über Selbst- und Peer-Nominierung Vorschläge machen, die dann in einem eigens dafür gebildeten Komitee diskutiert und entschieden werden.

Wie wir sehen, Leistung und Selbstorganisation ist absolut kein Widerspruch. Vieles weist darauf hin, dass höhere Autonomie und Identifikation, geteilte Ziele und enges Feedback die Motivation und Leistungsfähigkeit stärker fördern als Zuckerbrot und Peitsche.

Quintessenz Teil 4
Ganzer Mensch

- Unternehmen sind im hohem Maße menschliche und emotionsbehaftete Orte – und sie leben nicht zuletzt von komplexen Persönlichkeiten, Beziehungen und Ambiguitäten.
- Wenn wir Menschen weiterhin als reinen Kostenfaktor betrachten, sie in rigide Rollenprofile pressen und sie durch Zwang und Motivationstricks gängeln, hindern wir sie daran, ihr volles Potenzial zu entfalten.
- Die Individualität von Mitarbeiter:innen sollte als „Feature" und nicht als „Bug" gesehen werden. Folglich muss sich Mitarbeiterentwicklung mehr darauf ausrichten, die Stärken zu stärken, statt die Schwächen auszumerzen.
- Wenn wir formale Strukturen im Außen abbauen (wie beispielsweise rigide Hierarchie), brauchen wir mehr Empathie und Sensibilität im Inneren. Emotionen dienen als wertvoller Kompass für erfolgreiche Selbstorganisation.
- Menschen werden nicht ihr Bestes geben, wenn sie unter dem Generalverdacht eines Systems arbeiten, welches ihre Dummheit, ihre Faulheit und ihre Unzuverlässigkeit voraussetzt.
- Wenn wir das starre Regelkorsett ablegen und es mit einfachen Prinzipien der Zusammenarbeit ersetzen, können wir die Leidenschaft, Innovationskraft und das volle Potenzial der Mitarbeiterschaft ausschöpfen.
- Es genügt aber nicht, lediglich den formalen Rahmen und die Kontrollmechanismen zu ändern, sondern wir müssen unser darunterliegendes Menschenbild hinterfragen und anpassen.
- Traditionelles Performance Management ist für komplexe Tätigkeiten nicht nur eine teure bürokratische Show, es ist sogar kontraproduktiv.
- Die hohe Autonomie, geteilte Ziele und das enge Feedback der Selbstorganisation steigern Motivation und Leistungsfähigkeit stärker als Zuckerbrot und Peitsche.

Ausblick auf Teil 5

In den Teilen 2 bis 4 dieses Buchs haben wir die drei zentralen Bilder beleuchtet, die in unseren Organisationen heute vorherrschen, und haben erläutert, warum sich diese so hartnäckig halten, welche Nebenwirkungen sie verursachen und welche alternativen Modelle sich anbieten, um uns als Individuen und als Unternehmen zukunftsfähig aufzustellen.

Im fünften und letzten Teil beschreiben wir Kernprinzipien, die uns auf der Reise Orientierung geben können. Um es vorwegzunehmen: Es ist nicht ein einzelnes Prinzip, eine singuläre Veränderung, die uns von diesen hartnäckigen und fest verankerten Bildern befreit. Es braucht eine Vielzahl von Maßnahmen – manche isoliert wirksam, manche nur im Konzert mit anderen. So wie sich viele Prozesse, Systeme, Mechanismen und Verhaltensweisen im Laufe der Jahrzehnte um diese Bilder herum etabliert haben, müssen wir sie nun auch Stück für Stück durch effektivere und modernere Varianten ersetzen und ergänzen.

Teil 5

Expeditionen:
Eine Navigationshilfe

"I may not have gone where I intended to go,
but I think I have ended up where I intended to be."
Douglas Adams

Es ist Zeit für einen Aufbruch. Einen Aufbruch in eine vielversprechende Welt jenseits starrer Hierarchien und überholter Management-Glaubensätze. Wie das aussehen kann, dafür haben wir uns viele Beispiele genauer angeschaut: Anonyme Alkoholiker, Open-Source-Organisationen und klassische Konzerne. Es bleibt die Frage: Wo kann der Übergang ansetzen? Wie ist insbesondere das gezielte Verlernen und das Loslassen möglich?

Einer der Urväter des *Change Managements*, Kurt Lewin, verstand Veränderung als Prozess in drei Phasen: Auftauen, Bewegen, Einfrieren. Seine Eis-Analogie prägt 70 Jahre später noch immer die Vorstellung vieler Manager:innen zum Thema. Aber ist Einfrieren in einer Welt, die sich so schnell verändert, wirklich noch das richtige Ziel? Die Erwartung, Veränderungen von A–Z managen zu können – wie der Begriff Change Management suggeriert – sitzt tief. Statt von „Change" sprechen wir aber lieber von einer Transformation. Denn sich zu transformieren bedeutet eine aktive Verwandlung, einen Übergang in eine neue Gestalt. Das ist so persönlich, so komplex, so tiefgreifend: Das lässt sich nicht managen.

Der Weg in die Selbstorganisation ist konsequenterweise selbstorganisiert. Wie wir gezeigt haben, bedeutet das nicht, dass es keine Führung, keinen Rahmen und keine Ordnung gibt. Wir steuern und orientieren uns nur auf andere Art und Weise, als wir es gewohnt sind. Dasselbe gilt für den Wandel. In diesem Teil zeigen wir, wie er erfolgreich aussehen kann.

Eine hilfreiche Analogie sind für uns Expeditionen. Zu einer Expedition aufzubrechen bedeutet, etablierte Pfade zu verlassen und etwas zu riskieren. Wie navigiert man, welche Routinen sind hilfreich, wie sichert man sich ab? Dabei wird man niemals alleine erfolgreich sein, sondern kommt nur gemeinsam weiter. Viel hängt davon ab, wie gut die Kommunikation ist und welche Qualität die Beziehungen haben. Vorbereitung und Planung sind durchaus hilfreich, aber für eine Expedition gibt es keine Blaupause. Dann wäre es keine Expedition.

Jede Organisation muss ihren eigenen Weg finden. Und die besten Antworten entstehen aus dem laufenden Betrieb heraus, im Kontext. Aber natürlich heißt das nicht, bei null anzufangen. Es gibt viele gute Ansätze, Ideen und Vordenker, auf denen wir aufbauen können.

Wir haben uns mit unserer eigenen Organisation auf diesen Weg gemacht und als Organisationsentwickler begleiten wir andere Teams auf ihren Expeditionen. Im Kern haben sich dabei für uns *fünf Prinzipien* als besonders hilfreiche Navigationshilfen herauskristallisiert:

- 1: Mit klarer Intention
- 2: In geteilter Verantwortung
- 3: Sicher im Prozess
- 4: Ganzheitlich
- 5: Evolutionär

Diese fünf Prinzipien sind Leitplanken, die Orientierung und Absicherung geben. Wir bleiben bewusst auf dieser Ebene, anstatt tiefer in Modelle und Methoden einzutauchen. Das hat zwei Gründe. Erstens: Wenn das Fundament aus Annahmen und Prinzipien steht, ist der Weg zu den richtigen Methoden nicht sehr weit. Als Handbücher empfehlen wir hier die Werke *Agile Organisationsentwicklung, New Work needs Inner Work* (beide ebenfalls im *Vahlen* Verlag erschienen) und den *Loop Approach*.

Zweitens: Anleitungen haben ihre Schattenseite – sie bedienen die Hoffnung auf einfache, kopierbare Lösungen. Organisationsmodelle wie das beliebte Spotify-Modell sind attraktiv in ihrer Klarheit. Doch „selbst Spotify arbeitet nicht nach dem Spotify-Modell", erzählte uns der Leiter einer Abteilung von 400 Entwicklern bei unserem Besuch der Firmenzentrale in Stockholm. Er riet davon ab, zu versuchen, es zu kopieren, und empfahl stattdessen: „Entwickelt lieber euer eigenes Spotify-Modell."

Und, Hand aufs Herz: Das passende Modell gemeinsam zu entwickeln, sich den Weg ins Unbekannte selbst zu bahnen ist ohnehin viel spannender. Also: Welche Leitplanken helfen uns in diesem Lernprozess?

Klare Intention

Veränderungen kosten Energie. Ein Wandel steht auf wackligen Beinen. Viele Menschen müssen dafür zusammenkommen, sich gemeinsam neu orientieren und Widerstände überwinden. Woher kommt diese Energie?

Die zentrale Quelle ist ein gemeinsames Bild von einer erstrebenswerten Zukunft und Klarheit darüber, was zurückgelassen werden soll. Dafür muss man sich bewusst werden, warum sich überhaupt etwas ändern soll. Was schmerzt, was steht im Wege? Und wie sieht es wohl aus, wie wird es sich anfühlen, wenn es anders ist? Nur wenn es Antworten auf diese Fragen gibt, die überzeugend sind und eine tiefe Resonanz erzeugen, ist diese für alle Beteiligten so essenzielle Energiequelle gesichert. Die Antworten müssen nicht umfangreich und bis ins letzte Detail ausformuliert sein. Ein gemeinsames Bild, eine gute Geschichte, eine klare Frage kann bereits eine enorme Zugkraft entwickeln.

Wie erwähnt sollte bereits der Weg in die Selbstorganisation deren Prinzipien vorleben. Das bedeutet nicht, einfach ein bestehendes Modell zu kopieren und von außen überzustülpen. Die besten Lösungen entstehen im Dialog mit dem System. Aber: Wenn wir einfach nur Freiraum schaffen, ohne eine gemeinsame Ausrichtung zu haben, entsteht eine zentrifugale Kraft: Teams driften auseinander, probieren dieses oder jenes aus, aber kommen dabei nicht vom Fleck. Ein klares *Wozu* ist wie ein Pfad im Dschungel der Möglichkeiten: Es reduziert die Komplexität und stellt sicher, dass es ein gemeinsames, klar umrissenes Ziel gibt.

Ein gemeinsamer Pol

In der Geschichte großer Expeditionen gibt es ein dramatisches Beispiel für die Notwendigkeit der Fokussierung: den Wettlauf zwischen Amundsen und Scott zum Südpol Anfang des 20. Jahrhunderts. Beide Expeditionen brachen etwa zeitgleich auf, ihre Strategien waren jedoch sehr unterschiedlich: Der Norweger Amundsen war lediglich mit fünf Männern unterwegs und setzte auf Hundeschlitten, der Brite Scott startete mit 17 Männern und nutzte innovative Technologien wie Motorschlitten. Amundsen und seine Männer erreichten den Südpol 34 Tage vor Scott und kehrten lebend zurück. Scott und seine Männer starben tragisch auf dem Rückweg.

Es gibt viele Erklärungen für den unterschiedlichen Ausgang dieser beiden Expeditionen. Doch ein Unterschied war möglicherweise zentral, weil er viele weitere Entscheidungen prägte: Scott hatte drei Ziele für seine Expedition formuliert, Amundsen nur eines. Scott wollte als erster Mensch den Südpol erreichen, dabei wissenschaftliche Untersuchungen durchführen und dem britischen Empire zu Ruhm und Ehre verhelfen. Amundsen hingegen sagte: „Wir haben genau ein Ziel – den Pol zu erreichen. Ich habe mich entschieden, für dieses eine Ziel alles andere außer Acht zu lassen." Es ist leicht vorstellbar, welche Probleme die teils widersprüchlichen Ziele von Scott aufwarfen – etwa das Thema Geschwindigkeit vs. wissenschaftliche Untersuchungen. Der Einsatz von Motorschlitten symbolisierte die technologische Überlegenheit des britischen Empires, erwies sich aber als Fehlentscheidung. Amundsen hingegen hatte kein Problem damit, auf vermeintlich archaische Hundeschlitten und auf Fellkleidung zu setzen, die wenig *gentleman-like* war.

Für die Expedition in die Selbstorganisation hilft es, sich ein Beispiel an Amundsen zu nehmen: Nicht zu viel auf einmal vornehmen und mögliche Spannungsfelder und Ambivalenzen nicht ausblenden. Da der Weg ins Ungewisse geht, lässt sich natürlich nicht alles definieren und vorwegnehmen. Aber was unmissverständlich klar sein sollte, ist: Was ist der gemeinsame Pol?

Alles agil?

Selbstorganisation ist kein Selbstzweck und Hierarchien sind weder gut noch schlecht. Heute soll alles agil sein – aber wirklich auch in der Buchhaltung oder im Vertrieb? Besonders in großen Organisationen wird schnell Trends hinterhergelaufen. *Total Quality Management, Six Sigma, Lean*: Buzzwords kommen und gehen und bringen ein großes Maß an Aktionismus mit sich. Heute behaupten viele, dass sie *agil* arbeiten. Bei genauerem Nachfragen stellt sich dann aber heraus, dass sie lediglich tägliche *Stand-up-Meetings* eingeführt haben. Aber wer will schon den Anschluss verlieren? Das Risiko ist jedoch, dass dabei undifferenziert vorgegangen wird in der Annahme, dass es allgemeingültige Vorteile dieser oder jener Arbeitsweise gibt. Aber welches sind überhaupt die Vorteile der Agilität oder Selbstorganisation, hier und jetzt? Verstehen wir überhaupt alle dasselbe unter „Agilität" und „Selbstorganisation"? Und wie komplex ist das Umfeld wirklich? Und gibt es da nicht einiges, das sehr wohl vorhersehbar ist?

Am Anfang ist es also wichtig, genau nachzufragen und einander zuzuhören: Worum geht es? Soll es eine tief greifende Transformation werden, die auch vor dem Kerngeschäft nicht haltmacht? Oder nur ein unverbindliches Ausprobieren moderner Methoden in der Peripherie? Beides ist o.k., aber es ist wichtig, zu verstehen, was der Rahmen ist.

Ein Aspekt kommt dabei häufig zu kurz: Was wird schwieriger und was werden wir künftig vermissen? Man spricht gerne darüber, was besser wird, und blendet die Ambivalenzen aus. Wo Teammitglieder mehr Macht bekommen sollen, muss jemand diese abgeben. Und jemand anders muss mehr Verantwortung übernehmen. Beides ist nicht einfach, aber darüber wird ungern gesprochen.

Zahlen, Daten und Fakten spielen natürlich auch eine zentrale Rolle. Es ist wichtig, dass nicht nur das Herz mit auf die Reise geht, sondern auch der Kopf abgeholt wird. Und in einem Wirtschaftsunternehmen gilt es nun mal, erfolgreich Geschäfte zu machen, und davon wollen zahlreiche Stakeholder überzeugt werden. Aber Glaubwürdigkeit und Authentizität sind langfristig mindestens ebenso wichtig wie gute Zahlen. Der Business Case alleine reicht nicht aus, denn er wird niemals dieselbe Anziehungskraft entfalten können wie eine gute Geschichte.

Orientierung

Besonders zu Beginn ist es wichtig, dass Rahmen und Ziele diskutiert werden und unterschiedliche Perspektiven zu Wort kommen. Die initiale Ausrichtung dauert nicht selten länger, als sich gut anfühlt. Warum nicht einfach ein Team auswählen, das die Selbstorganisation ausprobieren soll, und los geht's? So schön pragmatisch das klingen mag: „Einfach mal machen" ist durchaus riskant. Denn – wie oben aufgezeigt – undifferenziert angewandt kann Selbstorganisation in Chaos und Verwirrung kippen: Die Verantwortung liegt überall und nirgendwo, Führungskräfte ziehen sich zurück, Strukturen und Grenzen fehlen. So ist das

Thema schnell verbrannt und als Fazit bleibt: „Wir haben das mal ausprobiert, aber bei uns hat das nicht funktioniert."

Hinzu kommt, dass die Initiator:innen von Veränderungen oft einen Vorsprung haben. Sie haben sich mit den Themen schon länger beschäftigt, haben ein eigenes Verständnis der zentralen Begriffe gebildet und ein klares Zukunftsbild. Klar, dass sie loslegen wollen, anstatt noch mal bei Adam und Eva anzufangen. Doch was versteht jemand unter Selbstorganisation, der den Begriff zum ersten Mal hört? Es braucht also Zeit und Raum für eine gemeinsame Orientierung.

Wie sieht dieses Prinzip in Aktion aus? Als ersten Schritt auf der Reise nutzen wir häufig das Format des *Orientierungsworkshops*. Dazu laden wir das Führungsteam sowie Vertreter:innen unterschiedlicher Rollen und Ebenen ein. Es muss nicht gleich das ganze Unternehmen sein, aber wichtig ist, dass unterschiedliche Perspektiven vertreten sind, inklusive der vermeintlich skeptischen oder bewahrenden Stimmen. Hier besprechen wir, wo die Organisation heute steht, was sich eigentlich ändern soll und warum wo ein guter Anfang gemacht werden kann. Die Antworten auf diese Fragen werden schriftlich konkretisiert, um als Fundament für zukünftige Diskussionen zu dienen. Eine Untergruppe wird ausgewählt, die Verantwortung für die nächsten Schritte übernehmen will. Zuletzt wird eine gemeinsame Entscheidung getroffen: Sind wir bereit, zusammen diese Expedition zu wagen? Mehrfach haben wir erlebt, dass Teams für sich entschieden haben, dass sie diesen Weg jetzt nicht gehen wollen, weil die Organisation nicht reif dafür erschien oder der Zeitpunkt ungeeignet. Das ist für die Treiber sicherlich enttäuschend, aber es ist auch ein Grund zum Feiern: Eine klare Entscheidung wurde getroffen.

Geteilte Verantwortung

Die meisten wissen aus eigener Erfahrung: Wenn sich etwas verändert, das uns betrifft, wollen wir mitgestalten. „Betroffene zu Beteiligten machen" ist zu Recht etabliert als Mantra im Change Management. Der bekannte Autor und Motivationstrainer Dale Carnegie sagte dazu: „Menschen unterstützen eine Welt, die sie mitgestaltet haben." Zugleich gilt bei Veränderungen jedoch die Faustregel, den Kreis der Insider möglichst klein zu halten, damit nicht zu viel Unruhe ins Unternehmen kommt. An Change Management wird deshalb oft erst gedacht, wenn das meiste schon entschieden ist. Das wird dann schwungvoll kommuniziert und umgesetzt: mit sofortiger Wirksamkeit (siehe Kapitel 3). Dieser „Black-Box-Ansatz" verhindert, dass geteilte Verantwortung entstehen kann. Was übrig bleibt, ist das nachträgliche Abfragen von Reaktionen. Häufig werden *Sounding Boards* oder offene Fragerunden veranstaltet, die Entscheider sitzen auf der Bühne und stehen Rede und Antwort. Doch jetzt ist es längst zu spät. Was bleibt, ist nur noch Scheinbeteiligung, was die Mitarbeiter:innen auch genauso wahrnehmen. Die Veränderungen werden statt mit offenen mit verschränkten Armen aufgenommen und das Fiasko ist vorprogrammiert.

Ein nachhaltiger Veränderungsprozess hingegen wird von Anfang an auf viele Schultern gelegt. Er wird kontinuierlich bereichert durch die Perspektive, Intelligenz und Empathie von Menschen in unterschiedlichsten Rollen. Das fängt früher an, als sich angenehm anfühlt. Geteilte Verantwortung hat sehr viel mit Loslassen und Bescheidenheit zu tun. Wer sich für Selbstorganisation, Agilität und New Work einsetzt, ist oft Überzeugungstäter. Es geht um Themen, für die die Initiator:innen brennen. Wenn sie aus diesem Feuer heraus eine Veränderung anstoßen, fällt es ihnen naturgemäß oft schwer, loszulassen. Was, wenn Dinge umgesetzt werden, die gar nicht in ihr Bild passen? Doch wer versucht, die Organisation heldenhaft und mit den besten Absichten nach seinen Ideen zu formen, hängt die anderen schnell ab oder ihm geht irgendwann schlicht die Kraft aus.

Traditionelle hierarchische Führung ist ein einfaches, geradliniges Modell. Es ist klar, wer das letzte Wort hat, wer wohin gehört und wie meine Jobbeschreibung lautet. Auf dem Weg zu mehr Selbstorganisation werden nun diese Verantwortungsstrukturen erschüttert. Oft haben wir beobachtet, dass Führungskräfte dies so interpretieren: „Ab jetzt wollen wir uns ja mehr selbst organisieren – dann werde ich mich lieber raushalten." Manchmal hat das etwas Gekränktes und Beleidigtes, aber meist ist es nur ein Missverständnis oder Unsicherheit über die künftige Rolle. Doch ein zu schnelles und vollständiges Loslassen führt dazu, dass sich womöglich irgendwann keiner mehr verantwortlich fühlt. Wir tappen in die Falle der *Verantwortungsdiffusion*. Es braucht weiterhin Führung, die das *Wozu* betont und den Rahmen hält. Aber wo bleibe ich als Führungskraft präsent und konsequent und setze Grenzen? Und wo lasse ich es laufen, nehme mich zurück, lasse Dinge geschehen? Diese verteilte Führung ist wie ein Tanz, in dem wir immer wieder nach der passenden Balance suchen.

Transformation Team

Wie sieht dieses Prinzip in Aktion aus? Ein Ansatz ist die Etablierung eines *Transformation Teams* bzw. eines „Selbstorganisationskreises", wie Bernd Oestereich es im Rahmen der *Agilen Organisationsentwicklung* nennt. Dabei handelt es sich um eine gemischte Gruppe aus Führungskräften und Vertreter:innen anderer Rollen, die Verantwortung für den Veränderungsprozess übernehmen. Sie geben nicht nur Feedback, sondern treffen wesentliche Entscheidungen und gestalten den Prozess. Sie sorgen dafür, dass die Vielfalt der Perspektiven repräsentiert ist, sodass nicht alles vom Management abhängt. Und sie experimentieren mit Selbstorganisation und leben die Prinzipien vor, die sie in der Organisation etablieren wollen. Idealerweise ist der Leiter oder die Leiterin der Organisation Teil dieser Gruppe, denn geteilte Verantwortung heißt eben nicht, dass formelle Führungskräfte alles aus der Hand geben.

Ein starkes Signal entsteht, wenn man die Beteiligten bereits in die Entscheidung darüber einbezieht, ob sie sich überhaupt auf den Weg zu mehr Selbstorganisation machen wollen. Bevor wir Maßnahmen ergreifen, diskutieren wir den Rahmen, die groben Schritte und das Wozu der Veränderung. In moderierten Entscheidungsrunden werden dann Fragen, Zweifel und Widerstände angehört, bevor eine gemeinsame Entscheidung getroffen wird. Erst wenn wir ein Fundament aus Klarheit und Sicherheit haben, machen wir uns auf den Weg.

Chefsache

Doch Organisationsentwicklung bleibt auch Chefsache. In einem Buch mit dem Titel *Unlearning Hierarchy* wird diese Aussage zu ein paar gehobenen Augenbrauen führen. Graswurzelinitiativen und eine Veränderung von unten können enorm viel bewirken, aber irgendwann braucht es eine Kopplung an die formale Verantwortung in der Organisation. Denn was die Führung macht, prägt die Kultur ganz besonders. Ob ein Wandel eine Chance hat, erkennt man nicht selten schon daran, ob sich die Verantwortlichen überhaupt Zeit dafür nehmen. Und noch wichtiger: Schließen sie sich selbst in die Transformation ein? Sehen sie sich als Teil des Lernprozesses oder betrifft es nur die Teams unter ihnen?

Es ist eine Kunst, aber wenn das Prinzip der geteilten Verantwortung Früchte trägt, ist es spektakulär. Die Veränderung ruht dann auf vielen Schultern, der Lernprozess verselbstständigt sich und wird unaufhaltsam. Die Last wird leichter und die Verantwortlichen merken oft erst dann, was sie da eigentlich alles versucht haben, alleine zu tragen.

Prinzip 3

Sicher im Prozess

Wie Ameisen, Buurtzorg und Anonyme Alkoholiker zeigen, bedeutet Selbstorganisation nicht Chaos, Willkür und die Abwesenheit von Ordnung. Vielmehr entsteht, wie bereits dargestellt, eine dynamische Selbststeuerung innerhalb einiger weniger verbindlicher Leitplanken. In Bezug auf Expeditionen bedeutet das: Orientierung und Struktur schaffen durch einen klaren und transparenten Prozess.

Es reicht nicht, laut das Loblied der Selbstorganisation zu singen und Skeptikern zu unterstellen, sie hätten nicht das richtige *Mindset*. „Dafür werde ich nicht bezahlt!", sagte ein Kollege bei SAP, als wir in unserer Abteilung anfingen, Führung stärker zu verteilen. Er sah nicht ein, mehr Verantwortung zu übernehmen, ohne die Gehaltsstrukturen anzupassen. Ein absolut berechtigter Einwand. Es gibt viele angemessene Fragen und Bedenken, die ernst zu nehmen sind. Systemisch gedacht wissen wir: Unsere Perspektive ist nur eine von vielen und es ist wichtig, Widerstände wertzuschätzen.

Wie angesprochen bedeutet *Unlearning Hierarchy*, abzubiegen auf holprige Nebenstraßen. Grundannahmen und Identitäten werden herausgefordert. Solch tief greifende Veränderungen können sich anfühlen wie eine Krise. Und wenn es nach Krise riecht, schaut zuverlässig einer der stärksten Motivatoren vorbei: die Angst. Angst, die Kontrolle zu verlieren. Angst, nicht anerkannt zu werden. Angst vor zu viel Verantwortung. Wer sich bedroht oder angegriffen fühlt, verfällt in bewährte Muster und schaltet in die Defensive. Das Angstzentrum im Gehirn, die *Amygdala*, kennt in erster Linie drei Modi: Kampf, Flucht oder Erstarren. Keine dieser Haltungen ist eine gute Grundlage, wenn es ums gemeinsame Lernen und Verlernen geht. Was bewahrt uns davor, dass die Türsteher der Angst uns das Tor vor der Nase zuschlagen?

Gebraucht wird, was der Soziologe Aaron Antonovsky als „Kohärenzgefühl" bezeichnet. Es speist sich aus drei Quellen:

- Verständnis dafür, was passiert und wie die Dinge zusammenhängen (Verstehbarkeit)
- das Gefühl, mitgestalten zu können (Handhabbarkeit)
- einen Sinn zu erkennen (Bedeutsamkeit)

Wer gut informiert ist, Gestaltungsspielraum sieht und die Gründe für die gewählten Schritte erkennen kann, bewahrt sein

Kohärenzgefühl und damit Sicherheit und Selbstwirksamkeit. Für unseren Prozess bedeutet das: ergebnisoffen im *Was*, aber stabil im *Wie*. Dann bleiben wir lernfähig, auch wenn noch nicht klar ist, wo genau die Reise hingeht. Analog zur agilen Softwareentwicklung kann Organisationsentwicklung ergebnisoffen und gleichzeitig strukturiert sein.

Rhythmus

In unserer SAP-Abteilung für Personal- und Organisationsentwicklung haben wir über einen Zeitraum von acht Monaten alle drei bis vier Wochen einen virtuellen Workshop veranstaltet. Hier haben interessierte Kolleg:innen zusammen im System am System gearbeitet. Wir haben Entscheidungen gemeinsam getroffen, Fragen oder Widerstände aufgegriffen und Fokus und Tempo kontinuierlich angepasst: Wo liegt gerade die Aufmerksamkeit und wofür sind wir reif? Es stellte sich heraus, dass einige Teammitglieder erst einmal deutlich weniger Verantwortung übernehmen wollten, als wir angenommen hatten. Unter anderem fühlten sie sich nicht wohl damit, sich auch an weitreichenden strategischen Entscheidungen zu beteiligen. Also entschieden wir uns, die Verantwortung für die strategische Ausrichtung zunächst beim Führungsteam zu belassen. Auch stand die Frage im Raum, ob wir neue Führungsrollen durch eine demokratische Wahl besetzen sollten. Das Team entschied sich nach längerer Diskussion jedoch dagegen und wir delegierten die Entscheidung stattdessen an eine Untergruppe aus Vertreter:innen verschiedener Rollen.

Diese Transparenz und der stabile Rhythmus im Dialog gaben uns viel Halt. Alle hatten eine regelmäßige Orientierung und wussten, wo wir stehen und welche offenen Fragen es gab. Es war klar, wo und wie das Team Einfluss nehmen und mitgestalten konnte. Auch wenn der Zielzustand nicht feststand, fühlten wir uns dadurch sicher. Auf diese Weise konnten wir tief greifende Veränderungen vornehmen, obwohl wir nur auf Sicht segelten.

Schwarz auf weiß

Was Transparenz und Sicherheit darüber hinaus erhöht: aufschreiben, wie wir arbeiten. Das klingt geradezu trivial, kann aber ein wertvolles Fundament sein. Viele Pioniere der Selbstorganisation nutzen solche Dokumente: Wir nannten es „Playbook", andere nennen es Verfassung, Betriebssystem („Operating System") oder wie die Firma *Valve* schlicht das „Handbuch für neue Mitarbeiter". Hier steht auf einer der ersten Seiten:

„Valve funktioniert auf eine Weise, die auf den ersten Blick kontraintuitiv erscheinen mag. [...] Vor allem aber geht es darum, wie du nicht ausflippst, jetzt, wo du hier bist."

Die Idee ist einfach: Wir schreiben auf, wie es hier läuft, damit alle sich besser orientieren können. Wie stellen wir neue Kolleginnen und Kollegen ein? Wie treffen wir strategische Entscheidungen? Wie wird befördert? Wie vergeben wir Budgets? Wie besetzen wir Projekte? Es wird bewusst mit einer Versionierung gearbeitet, damit transparent ist, was aktuell Gültigkeit hat. So ist es möglich, zu sagen: „Wir haben uns entschieden, etwas zu ändern, und mit der nächsten Version wird die Verteilung von Budgets nun anders ablaufen." Häufig sind alle Mitarbeiter:innen dazu aufgerufen, Vorschläge für Verbesserungen zu machen, und es gibt einen transparenten Prozess, wie diese aufgenommen oder verworfen werden.

In rigiden hierarchischen Systemen werden solche Fragen kaum jemals bewusst thematisiert und gemeinsam gestaltet. Die vermeintlich klare Antwort auf die meisten Fragen ist: Der oder die mit dem höchsten Gehalt oder dem bedeutendsten Titel entscheidet. Wird dieses starre Gerüst überwunden, braucht es neue Routinen. Das Aufschreiben macht diesen Umbau greifbarer und verhandelbarer und gibt damit dem Kohärenzgefühl einen wichtigen Schub.

Man kann es damit aber auch übertreiben. In der *Holokratie* wird über eine detaillierte Verfassung gesteuert, die wenig Raum für Interpretation lässt. Daraus kann ein bürokratisches Korsett entstehen. Eine lebendige Kultur ist aber mehr als ein verfasstes Betriebssystem. Der Wunsch, alles auf Papier zu bannen und die Organisation auf diese Weise zu „programmieren", ist wieder eine dieser tückischen Kontrollillusionen. Es braucht eine kunstvolle Balance in der Dokumentation zwischen *zu wenig* Spielraum und *zu viel*. Je nach Kultur und Kontext der Organisation kann das ganz unterschiedlich aussehen. Wird diese Balance erreicht, entsteht ein Gerüst – ein Handlauf, der mitwächst und gleichzeitig Halt gibt.

Ganzheitlich

Die Sozialisation der WEIRDen Kulturen (siehe Kapitel 2) führt zur Suche nach kausalen Zusammenhängen. Vielschichtige Wechselwirkungen, Uneindeutigkeiten und Dilemmata passen kaum ins Bild. Und Veränderungen werden daher auch in einer mechanistischen Haltung angegangen: das Problem analysieren und die Lösung verordnen.

Nehmen wir das Beispiel eines Unternehmens aus dem Banken- und Versicherungssektor. Es sah sich durch die Konkurrenz kleiner digitaler Anbieter unter Druck gesetzt. Das Führungsteam wollte, dass die Organisation anpassungsfähiger und innovativer wird, um mitzuhalten. Wenig überraschend landete das Wort „Agilität" auf der Agenda. Nach ersten Diskussionen war man sich bald einig: keine Zeit für Grundsatzdiskussionen – lieber schnell ins Handeln kommen. Die Lösung: Es sollte eine interne Gruppe *Agiler Coaches* geschaffen und ausgebildet werden, die dann in den Teams agile Methoden einführen würden.

War das zielführend? Nicht wirklich. Die ausgewählten Mitarbeiterinnen und Mitarbeiter freuten sich über die Investition in ihre Entwicklung, denn Ausbildungen zum Agilen Coach sind gefragt. Aber war es ein wesentlicher Schritt zur Weiterentwicklung der Organisation? Nein. Die Ausbildungswelle war in gewisser Weise sogar kontraproduktiv: Die Erwartungen und Kompetenzen der Ausgebildeten entwickelten sich weiter, aber der kulturelle Rahmen in ihrem Arbeitsalltag wuchs nicht mit. Dieser Kontrast führte eher zu Frust und Spannungen als zu einer beweglicheren Organisation.

Bessere Regie

Eine Organisation ist mehr als die Summe ihrer Einzelteile. Selbst wenn jeder Mitarbeitende Experte für agile Methoden würde, ist durchaus denkbar, dass es im Kollektiv dennoch weiterginge wie bisher. Der systemische Berater Bernd Schmid erklärt diesen Effekt mit der Analogie eines schlechten Theaterstückes: „Die beste Investition ist nicht die in die Ausbildung einzelner Schauspieler, sondern in bessere Stücke, Drehbücher, Regie und Programmgestaltung." Die begrenzten Ressourcen sind in diesem Falle also womöglich zunächst besser investiert in einen offenen Dialog der Verantwortlichen darüber, wozu man eigentlich agiler werden will (und auch wo die Grenzen liegen). Wenn wir agiler werden wollen und dafür in erster Linie individuelle Agile Coaches ausbilden, hängt das Bild schief. Ganzheitlich arbeiten bedeutet, Probleme nicht so schnell auf das Individuum zu reduzieren. Das System qualifizieren, nicht nur die Personen.

Innen- und Außenseite

Eine verbreitete Annahme lautet: Wenn wir etwas nur lange genug tun, dann wird es ein Teil von uns. Nicht selten fällt der Satz: „Lasst uns nicht lange rumdiskutieren, sondern einfach machen!" Da ist auch etwas dran. Auf individueller Ebene zum Beispiel, wenn es um Gewohnheiten und Fähigkeiten geht, kann dieser Ansatz sehr wirksam sein. Wer jeden Morgen meditiert, kann mit der Zeit eine achtsamere Haltung entwickeln. Durch das äußere Verhalten wird eine tiefere Transformation ausgelöst. In der Analogie der Autobahnen im Kopf ist das vergleichbar mit dem stoischen Abbiegen auf die holprige Nebenstraße, auch wenn es rumpelt. Der Weg wird durch die Wiederholung gebahnt und mit der Zeit leichter befahrbar. In das Erleben, in das Ausprobieren zu kommen hat in dieser Hinsicht einen hohen Wert. Es bringt wenig, lange die theoretischen Vor- und Nachteile abzuwägen, wenn man etwas nicht erlebt hat. Neue Wege entstehen im Ausprobieren oft besser als in der Diskussion.

Der Übergang zu mehr Selbstorganisation – in diesem Beispiel zu agilem Arbeiten – braucht allerdings mehr. *Unlearning* bedeutet einen tief greifenden Struktur- und Kulturwandel. Es gibt die greifbare Außenseite: Kompetenzen, neue Rollen, Entscheidungsprozesse oder Meeting-Rituale. Ebenso wichtig ist aber der Wandel auf der weniger greifbaren Innenseite: Kultur, Beziehungen, Identitäten und Haltung. Scrum-Methoden wie Sprints einzuführen wird kaum etwas verändern, wenn die Führung den Teams keine Autonomie einräumt. Es geht also tiefer: Was bedeutet es für das Ego und die Identität eines Managers, der gestern Führungskraft war und morgen „nur noch" Agile Coach ist? Was bedeutet es für die Mitarbeiterin, dass sie plötzlich mehr Verantwortung für ihr Handeln übernehmen soll? Und wie verändert das die Beziehungen zueinander? Das sind vielschichtige Fragen, deren Reflexion wichtig ist und die Raum und Zeit brauchen.

Also erst die Haltung, dann die Methode? Auch in die andere Richtung – zu einer Überfokussierung der Innenseite – kann das Bild kippen. Viele Organisationen feilen an einem Zielbild für Haltung oder Werte, die Mitarbeiterinnen und Mitarbeiter vertreten sollen. Wenn dann erst mal das richtige *Mindset* formuliert ist, werden Trainings angeboten, um es zu erlernen.

Beides sind zu einfache Lösungen für komplexe Probleme. Wie der Begriff Organisationsentwicklung schon sagt: Wir entwickeln die Organisation. Eine Organisation lernt, wächst und verändert ihre Identität? Das ist zugegebenermaßen nicht so intuitiv vorstellbar. Wie sieht das also in Aktion aus?

In unserem Beispiel aus dem Finanzsektor bedeutet es: Das Führungsteam kann den Wandel nicht delegieren. Wenn die Teams mit Scrum-Methoden arbeiten, aber schon die nächsthöhere Führungsebene weiterhin Mikromanagement betreibt und in detaillierten Jahresplänen denkt, wird sich wenig verändern. Die reine *Bottom-up*-Energie verpufft irgendwann. Wir brauchen also einen gemeinsamen Dialog und Lernprozess an der Spitze: Was bedeutet dieser Wandel für uns in unseren Rollen? Was bedeutet das für unsere Zusammenarbeit? Gerade zu Beginn einer Veränderung ist es wichtig, dass die Verantwortlichen auch Verantwortung übernehmen. Nicht, indem sie alles steuern, aber indem sie zeigen, dass sie die Veränderung ernst nehmen und bereit sind, an sich selbst zu arbeiten.

Unter die Oberfläche

Auch der Wandel ist persönlich. *Unlearning Hierarchy* ist deswegen so eine Herausforderung, weil wir über unser Ego hinauswachsen müssen. In unserem Beispiel: Wird im Führungsteam offen darüber gesprochen, welche Wünsche und Ängste mit dem Weg zu mehr Agilität verbunden sind? Das ist viel verlangt. Aber nicht selten ist es genau das, was es braucht. Es ist essenziell, Raum für diese emotionale Seite der Veränderung zu schaffen.

Das bedeutet im ersten Schritt: wahrnehmen. Der Druck im Management führt dazu, dass man oft im Tunnel unterwegs ist, nicht darin geübt, nach innen zu horchen. Achtsamkeitsübungen wie geführte Meditationen oder auch *Journaling* (aufschreiben, was in den Kopf kommt, ohne viel nachzudenken) können hier wertvoll sein. Und dann gemeinsam darüber zu reden und re-flektieren, was hochkommt. Hier ist es hilfreich, reflektierende Einzel- oder Kleingruppengespräche und Coachings zum Teil des Prozesses zu machen. So lässt sich behutsam die Tür zur Innenseite öffnen.

Darüber hinaus lässt sich diese Offenheit ritualisieren. Wenn in Meetings Zeit für einen *Check-in* und einen *Check-out* ein-geräumt wird, indem auch Emotionen und persönliche Themen Platz haben, signalisiert das: Hier ist es o.k., offen, menschlich und verletzlich zu sein. Dabei geht es nicht darum, sein Herz auszuschütten oder Intimes preiszugeben. Aber wenn jemand unter Druck steht oder es ihm nicht gut geht, dann darf das sein. Das passiert sogar Vorständen.

Achtsamkeit und Coaching sind im Aufschwung und erzeugen heutzutage weniger Widerstand als noch vor einigen Jahren. Und auch psychische Belastung wird offener diskutiert. Bei den Olympischen Sommerspielen 2021 in Tokio sind gleich zwei Favoritinnen auf die Goldmedaille, Naomi Osaka (Tennis) und Simone Biles (Turnen), freiwillig aus dem Wettbewerb aus-gestiegen. Ihre Begründung: Der psychische Druck sei zu groß gewesen. Sicherlich ein verzweifelter, aber dennoch ein mutiger Schritt. Beide haben dafür glücklicherweise viel Anerkennung bekommen. Und diese neue Offenheit gibt es nicht nur im Sport: Selbst Carsten Maschmeyer, der umstrittene Unternehmer, der auch als Management-Held gefeiert wurde, spricht mittlerweile offen über seine Depression und Tablettensucht.

Die Innenseite ist also immer weniger ein Tabu. Darauf können wir aufbauen. Jetzt müssen wir sie nur noch zu einem festen Bestandteil unserer Arbeit und dieses Wandels machen. Und nicht erst dann hinschauen, wenn Menschen zusammenbrechen.

Prinzip 5

Evolutionär

Ein selbstorganisiertes System kann aus sich selbst heraus – emergent – passende Ordnungen und Strukturen entwickeln. Der Weg ist ein organischer: Viele kleine Schritte bringen uns weiter als ein großer Sprung. Zunehmend ambitionierte, kleine Expeditionen also, anstatt alles auf das eine große Abenteuer zu setzen. „Ein evolutionärer Prozess mit revolutionärer Wirkung", wie Bernd Oestereich sagt. Wie sieht das konkret aus?

Safe enough to try?

Es bedeutet, dort anzudocken, wo die Organisation steht. Was ist hier und jetzt am wichtigsten? Radikale Praktiken und Beispiele sind inspirierend. Es ist aber keine gute Idee, im ersten Schritt Gehälter gemeinschaftlich zu bestimmen, ohne Erfahrung mit verstärkter Transparenz zu haben oder unterschiedliche Entscheidungsmethoden eingeübt zu haben. Das Team hingegen Urlaubs- und Arbeitszeiten selbst koordinieren zu lassen oder es stärker in den Auswahlprozess für eine freie Stelle einzubinden ist vielleicht nicht so eindrucksvoll, aber womöglich der passende erste Schritt. Zu Beginn steht die klare Intention und eine ehrliche Selbsteinschätzung: Wo stehen wir wirklich, was trauen wir uns zu und was ist für uns realistisch und nachhaltig? Hier helfen Experimente. Anstatt *best practices zu* kopieren, werden Hypothesen aufgestellt und getestet. Was hilft oder nicht, wird sich zeigen. Auf diese Weise lässt sich auch in unbekanntem Terrain sicher navigieren.

Experimente

In unseren eigenen Expeditionen haben wir die Kraft experimentellen Vorgehens erlebt. Wir wollten die klassische Managerrolle auf zwei Führungsrollen (eine fachliche und eine für Personalführung) aufteilen. Als wir den Vorschlag ins Team brachten, kamen viele Fragen auf, die emotional diskutiert wurden: Wie genau ist das Profil? Was gehört zu den Aufgaben, was nicht? Welche Anforderungen gibt es an die Bewerber:innen? Es entstand viel Unsicherheit. Damit sollte man umgehen, wie bei einer Bergtour: Bevor es losgeht, stellen wir sicher, dass sich alle mit dem Vorhaben wohlfühlen. Wenn jemand sich nicht sicher fühlt – womöglich das Wetter zu instabil oder die Route zu gefährlich ist – wird das sehr ernst genommen. Der Plan wird dann angepasst, zum Beispiel, indem eine weniger anspruchsvolle Route gewählt wird.

Zurück zu unserer eigenen Erfahrung: Bevor etwas geändert würde, sollte zunächst ein klares Rollenprofil stehen. Aber nach einigen Workshops zu dem Thema drohte der Stillstand: Die Rollendefinitionen wurden immer länger, aber das gemeinsame Verständnis nicht klarer. Die Diskussion war frustrierend und wir hatten das Gefühl, wertvolle Zeit und Energie zu verschwenden. Uns wurde klar: Wir werden erst sehen, wie es funktioniert, wenn wir es ausprobieren. Wir entschieden uns dazu, das neue Modell für sechs Monate zu testen. Offiziell, im Organigramm, wurde zunächst nichts geändert, damit der Weg zurück offenstand. Die Kolleg:innen entspannten sich, denn es war ja nur auf Zeit. Die hitzige Diskussion rund um die Rollendefinitionen verstummte sofort, als wir es als Experiment verabredeten statt als dauerhaften Beschluss. So entstand aus einer Grundsatzdebatte ein kollektiver Lernprozess. Wenn wir Veränderung als ein Vorantasten verstehen und nicht als großen Wurf, nimmt das viel Druck raus. Nach einem halben Jahr entschieden wir dann: Das passt gut für uns – und blieben dabei. Die Rollendefinitionen wurden kaum noch angeschaut, geschweige denn diskutiert. Es hatte sich ein intuitives Verständnis entwickelt.

Nicht immer ist es möglich und auch nicht immer sinnvoll, etwas über einen langen Zeitraum zu testen. Eine Abteilung innerhalb der SAP, die wir auf ihrem Weg in die Selbstorganisation begleiteten, entschied sich für ein kürzeres Experiment. Man hatte die zunehmende Anzahl von Meetings als potenzielles Problem identifiziert. Es blieb kaum Zeit für fokussierte Einzelarbeit. Und auch durch das vermehrte mobile Arbeiten wurde der volle Kalender zur Belastung. Unsere Kolleg:innen entschieden sich, für zwei Wochen alle Meetings in der Abteilung zu streichen. Das sollte nicht heißen, dass es in dieser Zeit keine Kollaboration geben würde. Aber sie sollte organischer und ungeplanter erfolgen: Wer etwas braucht, ruft an oder schreibt eine Chat-Nachricht. Natürlich hätte man auch sagen können: Wir machen einen Tag der Woche *meetingfrei* und testen das ein paar Monate lang. Doch die radikalere Variante fokussiert die Aufmerksamkeit und bringt den größeren Lerneffekt. Welche Meetings sind wirklich notwendig, wie viel Vorstrukturierung tut uns insgesamt gut?

Das Experiment war sehr wertvoll. Die Kollegen erlebten zwei inspirierende, anspruchsvolle und einfach ganz andere Arbeitswochen. Anschließend wurden einige Terminserien nie wieder aufgesetzt. Heute wird bewusster entschieden, ob es wirklich einen Termin braucht oder ob man nicht einfach kurz anrufen oder chatten kann. Ist der genaue Weg offen, sind häufige Reflektion und gemeinsame Neuausrichtung umso wichtiger.

„Wenn wir nur eine einzige Praktik der Selbstorganisation vorschlagen dürften – wir würden die Retrospektive wählen", schreibt Bernd Oestereich in seinem Buch *Agile Organisationsentwicklung*. *Retrospektiven* schaffen ein Ritual für regelmäßige Lernschleifen. Wir verlassen die Tanzfläche und betrachten die Zusammenarbeit vom Balkon aus: Was haben wir ausprobiert? Was war gut, was war nicht so gut und was haben wir gelernt? Womöglich gibt es noch Spannungen, die noch nicht geklärt sind. Dann lass uns eine Pause einlegen oder vorübergehend den Fokus wechseln.

Veränderungen sind mehr Marathon als Sprint, Kontext und Ziele bleiben in Bewegung. Ein evolutionäres Vorgehen erlaubt es uns, das passende Tempo zu finden und immer wieder genau hinzuspüren: Was ist jetzt wichtig? Wofür sind wir reif? Mit der realistischen Haltung, dass eine Expedition durchaus eine Reise ohne finale Destiation sein kann und man jeweils – wie bei einer unbekannten Bergtour – einen Schritt nach dem anderen auf den Boden setzt, kann man sowohl die großen Herausforderungen, aber auch die kleinen Erfolge entlang des Weges wertschätzen.

Quintessenz Teil 5
Expeditionen

- Für Expeditionen gibt es keine Blaupausen: Wie genau der Weg im Spannungsfeld zwischen Hierarchie und Selbstorganisation aussieht, finden wir am besten im Kontext heraus.
- Für uns haben sich fünf Prinzipien als Leitplanken herauskristallisiert:
  - Mit *klarer Intention* sind wir unterwegs, wenn wir uns immer wieder an einem kraftvollen gemeinsamen Zukunftsbild orientieren.
  - Durch *geteilte Verantwortung* werden Betroffene zu Beteiligten und der Prozess wird auf viele Schultern verteilt.
  - Wenn wir uns *sicher im Prozess* fühlen, können wir gemeinsam Neues wagen, ohne dass die Angst uns zurückhält.
  - Eine *ganzheitliche* Perspektive ermöglicht uns, systemisch zu arbeiten, Zusammenhänge zu sehen und ebenso die emotionale Innenseite mitwachsen zu lassen.
  - *Evolutionär* vorzugehen bedeutet anzudocken, wo wir heute stehen, und sich von dort aus schrittweise voranzutasten.

Das Momentum halten

*"Men wanted for hazardous journey. Low wages, bitter cold,
long hours of complete darkness. Safe return doubtful.
Honour and recognition in event of success."*
Zeitungsannonce von E. Shackleton vor seiner Polarexpedition

Und hier sitzen wir – Lennart und Daniel – wieder am Frühstückstisch mit Kaffee und Butterbrezel. Viereinhalb Jahre nach dem ersten New Work Breakfast im AppHaus. In dieser Zeit haben wir viel Neues erlebt und mitgestaltet, was Früchte getragen hat. Ebenso viel, was sich im Nachhinein als unrealistisch oder weniger wirksam herausgestellt hat.

Manches war schwieriger als gedacht. Zwar sind uns überraschend viele Führungskräfte begegnet, die bereit sind, Teile ihrer Führungsverantwortung abzugeben. Was wir aber unterschätzt haben: Viele wollen diese Führung gar nicht übernehmen. Auch haben wir geglaubt, dass es möglich sei, die Organisationen im Guerilla-Modus zu verändern – kleine rebellische Zellen, die das große Ganze transformieren. Aber wir mussten einsehen, dass es beides braucht: die Energie aus der Mitte *und* den Auftrag von oben.

Wir sollten aber gemeinsam anerkennen, dass wir uns hier keinen Spaziergang ausgesucht haben. Und bestimmt habt auch ihr als Leser schon viel ausprobiert und erlebt. Sehr wahrscheinlich, dass ihr euch dabei öfters die Zähne ausgebissen habt, und mit den tief verankerten Glaubenssätzen aus dem 20. Jahrhundert des Managements kollidiert seid. Womöglich habt ihr euch mehr als einmal gefragt: Ist es das wert? Warum die Mühe? Wäre es nicht einfacher, den Dingen ihren konventionellen Lauf zu lassen?

Dafür haben wir viel Verständnis. Wir fragen uns das regelmäßig. Und gleichzeitig wäre nichts bedauerlicher. Denn die Expeditionen, die viele von uns begonnen haben, können neue Kontinente erschließen. Sie können Organisationen menschlicher, lebendiger und zukunftsfähiger machen. Und das ist dringend nötig, um den großen Herausforderungen unserer Zeit – von der Digitalisierung über die Pandemie bis zum Klimawandel – mit unserem vollen menschlichen Potenzial zu begegnen.

Was uns auch nach Rückschlägen antreibt, ist die Erkenntnis: Auch wenn wir zwei Schritte nach vorne machen und gleich wieder einen zurück, so geht es dennoch vorwärts. Wer hat wirklich geglaubt, dass es einfach wird? Aufstehen – weiter geht's. Keine Reorganisation, kein Führungswechsel und kein gestrichenes Programmbudget kann diesen Wandel wirklich aufhalten. Die Zeit ist reif.

Glossar

Agilität

Agilität ist die kollektive Fähigkeit einer Organisation, durch dynamische Steuerung erfolgreich in turbulenten Märkten zu navigieren. Das bedeutet einerseits, anpassungsfähig und flexibel zu sein, aber auch, Veränderungen bewusst anzustoßen und zu antizipieren. Ursprünglich vor allem im Zusammenhang mit Softwareentwicklung verwendet, ist heute immer mehr die Rede von „Business Agility" als ganzheitliches Konzept, jenseits von Software und IT.

Dezentralisierung

Beschreibt, dass nicht eine zentrale Stelle oder eine Person im Machtzentrum die Entscheidungen trifft, sondern mehr autonome, situative Variationen möglich sind. Wir verwenden den Begriff vor allem zur Beschreibung der Verteilung von Macht und Führung von wenigen Einzelpersonen auf mehrere, und vom Zentrum der Organisation näher an die Peripherie.

Emergenz, emergent

Begriff aus der Systemtheorie, der das selbstorganisierte Entstehen von geordneten Strukturen aus „Unordnung" bezeichnet. Auch eine Sammelbezeichnung für das Auftauchen neuer Eigenschaften und Phänomene (z. B. Macht, Konflikt) im Zuge von Interaktionsbeziehungen.

Expeditionen

Die Analogie der Expedition benutzen wir, um die abenteuerliche Reise durch das Spannungsfeld aus Hierarchie und Selbstorganisation zu veranschaulichen. Darüber hinaus bezeichnen wir die Pionierorganisationen innerhalb der SAP als Expeditionen.

Hierarchie

Laut Duden ist eine Hierarchie eine [pyramidenförmige] Rangfolge bzw. Rangordnung. Hierarchien sind nicht gut oder

schlecht. Sie erfüllen vielmehr nützliche soziale und wirtschaftliche Funktionen, wie beispielweise eine Vereinfachung von Kommunikationsprozessen und Reduktion von Transaktionskosten. Wir verstehen Hierarchie in diesem Buch darüber hinaus stellvertretend als Überbegriff für das statische Verständnis von Organisationen: eine festgeschriebene Rangordnung, von oben nach unten gesteuert, geprägt durch Kontrolle und Machtgefälle.

Holokratie

Der Begriff stammt aus dem Griechischen von „holos" für ganz, vollständig und „-kratie" für Herrschaft. Dahinter steckt ein neuartiges Führungsmodell, welches sich von einer Hierarchie aus Rollen geprägt ist, anstatt durch eine Hierarchie aus Personen. Anstatt einzelner Führungspersönlichkeiten mit delegierender Funktion, wird die Autorität mit Hilfe sich selbst organisierender Teams auf das gesamte Unternehmen verteilt. Holokratie kommt ursprünglich aus der Welt der Software-Entwicklung erhält heute aber viel Aufmerksamkeit in der New-Work-Bewegung. Dennoch haben nur sehr wenige größere Organisationen dieses Modell bisher vollständig übernommen.

Innere Bilder und Annahmen

Der Hirnforscher Gerald Hüther bezeichnet innere Bilder als „Vorstellungen davon, wie die Welt beschaffen ist und wie man sich in ihr zurecht findet." Wir verstehen innere Bilder wie mentale Autobahnen: wir geben den Dingen so Sinn, dass sie in unsere vorgespurten Verschaltungsmuster passen. Eine Transformation, ein „Unlearning" benötigt eine Auseinandersetzung und Weiterentwicklung dieser inneren Bilder. Im Teil 2-4 dieses Buches gehen wir auf die einige besonders beharrliche Bilder ein (die Organisation als Maschine, Führung als heroische Einzelleistung, der Mensch als Ressource) und zeigen Alternativen auf.

Key Performance Indicators (KPI)

Als Key Performance Indicators (KPIs) gelten Schlüsselkennzahlen, welche die unternehmerische Leistung widerspiegeln und als Zielvorgaben für Mitarbeiter:innen und Teams genutzt werden.

Zusammengefasst werden dabei betriebliche Kenngrößen, die Erfolge beziehungsweise Misserfolge abbilden. In Unternehmen lassen sich so Prozesse und Projekte bewerten, kontrollieren und gegebenenfalls in einem weiteren Schritt regulieren oder optimieren. Im Buch werden sie von uns kritisch beleuchtet, da in vielen Organisationen eine Überfokussierung auf diese Kennzahlen vorherrscht, welche nicht selten ohne Kontext betrachtet werden und auf deren Basis versucht wird Individuen und Teams „fernzusteuern".

New Work

Ursprünglich wurde der Begriff in den 1970er Jahren vom österreichisch-amerikanischen Sozialphilosophen Frithjof Bergmann geprägt, wird heute aber oft anders verwendet als von ihm beabsichtigt. Bergmann schwebte ein völlig neues Verständnis von Arbeit vor, in dem Menschen die Sklaverei der Lohnarbeit überwinden und mehr Freizeit haben, um sich in ihren jeweiligen Gemeinschaften und der Gesellschaft als Ganzen zu engagieren. In eine ähnliche Richtung gehen Autoren wie Frederic Laloux, die unser gesamtes gegenwärtiges Verständnis von Arbeit in Frage stellen. Sie argumentieren, dass die Menschheit im Begriff ist, sich auf eine höhere Bewusstseinsebene zu bewegen, was zwangsläufig zu einer anderen Sichtweise auf Arbeit führen wird. Oft wird New Work als schwer abgrenzbarer Sammelbegriff verwendet, der die Auswirkungen unterschiedlichster Trends (beispielsweise Digitalisierung, Gig-Economy) auf die Arbeitswelt thematisiert.

Prinzipien

Prinzipien dienen als Leitplanken, damit klar ist, welches Verhalten voneinander erwartet wird. Im Gegensatz zu starren Regeln geben Prinzipien Orientierung, jedoch ohne den Einzelnen zu entmündigen oder jede Eventualität vorweg nehmen zu müssen. Ein radikales Beispiel ist das Prinzip „Handle im besten Interesse von Netflix" welches zwar viel Spielraum lässt, aber dennoch Grenzen aufzeigt. Prinzipien sind eine wichtige Zutat, damit Selbstorganisation nicht als Willkür missverstanden wird.

Retrospektive

Retrospektiven sind Teammeetings, deren Ziel es ist, aus der Vergangenheit zu lernen. Retrospektiv bedeutet rückblickend. Die Teammitglieder schauen also gemeinsam zurück und bewerten, was (z. B. bei einem Projekt) gut und was schlecht gelaufen ist. Sie analysieren, warum Dinge erfolgreich waren oder aber von den Erwartungen abwichen, um so Maßnahmen zur Verbesserung zu formulieren und anzugehen. Dabei werden sowohl die relevanten Prozesse und Werkzeuge aber auch auf die Beziehungen im Team und die individuellen und kollektive Fähigkeiten, Herausforderungen und Erfahrungen reflektiert. Das Feedback bietet dabei Chancen sowohl für jeden einzelnen Teilnehmer als auch für das Team als Ganzes.

Scrum

Eine agile Methodik, ursprünglich aus der Software-Entwicklung entstanden, heute häufig auch in anderen Kontexten eingesetzt. Grundlegend zielt sie darauf ab, durch einige wenige Regeln und standardisierte Rollen komplexe Projekte überschaubar zu machen. Scrum basiert auf der Überzeugung, dass, sobald ein Projekt eine gewisse Komplexität erreicht hat, eine umfangreiche Planung nicht mehr sinnvoll ist. Die Methodik spricht sich dafür aus, nicht zu lange und detailliert zu planen, sondern kurzfristige Ziele zu setzen und möglichst viele Entscheidungen dem selbstorganisierten Scrum-Team zu überlassen.

Selbstorganisation

In der Systemtheorie bezeichnet Selbstorganisation die spontane (also nicht zentral gesteuerte) Entstehung von Ordnung in komplexen Systemen. Überträgt man dieses natürliche Phänomen auf Organisationen, ist die Definition des Beraters Andreas Zeuch hilfreich: er versteht Selbstorganisation als „Entscheidungsprozesse und damit verbundene Strukturen (Organisationsmodelle) sowie Methoden, bei denen die Entscheidungen dezentral, ohne formal-hierarchische Wege dort getroffen werden, wo sie anfallen."

Transformation

In einer Transformation entsteht, wie beim Übergang von der Raupe zum Schmetterling, eine neue Gestalt. Es handelt sich also um einen Wandel der tiefgreifend und ganzheitlich ist. Die oberflächliche Einführung agiler Methoden kann beispielsweise erst dann zu einer Transformation werden, wenn sie als Kulturwandel verstanden und angegangen wird.

Taylorismus, tayloristisch

Als Taylorismus bezeichnet man das vom US-Amerikanenischen Ingenieur Frederick Winslow Taylor (1856–1915) begründete Prinzip einer Prozesssteuerung von Arbeitsabläufen, die von einem auf Arbeitsstudien gestützten und arbeitsvorbereitenden Management detailliert vorgeschrieben werden. Übergeordnetes Ziel ist die Steigerung der Produktivität menschlicher Arbeit. Dies geschieht durch die Teilung der Arbeit in kleinste Einheiten, zu deren Bewältigung keine oder nur geringe Denkvorgänge zu leisten und die aufgrund des geringen Umfangs bzw. Arbeitsinhalts schnell und repetitiv zu wiederholen sind. Grundlage der Aufteilung der Arbeit in diese kleinsten Einheiten sind Zeit- und Bewegungsstudien. Der Mensch wird lediglich als Produktionsfaktor gesehen, den es optimal zu nutzen gilt. Taylor ging davon aus, dass eine geregelte Tätigkeit den Menschen zufrieden stellt. Zur Arbeitsmotivation dienen zusätzlich v. a. monetäre Anreize.

Unlearning

Unlearning steht wörtlich für: „Verlernen". Passender ist aber vielleicht „abgewöhnen", weil es – wie „unlearning" im Englischen – ein aktives Verb ist: Es passiert nicht von alleine, sondern bewusst. Verlernen ist schwer, denn was wir gelernt haben, ist ein fester Teil unserer Identität geworden. Es bedeutet, unsere Grundannahmen und inneren Bilder herauszufordern und weiterzuentwickeln. Unlearning heißt also, mentale Autobahnen zu verlassen und auf holprige Nebenstraßen abzubiegen.

Quellen- und Literaturverzeichnis

Quellen- und Literaturverzeichnis

Seite Textauschnitt   Quelle

INTRO – EINE BEWEGUNG ENTSTEHT

11 Dienst nach Vor-   Gallup Inc. (2021a, März 18). *Engagement*
    schrift   *Index Deutschland 2021*. Gallup.com. Ab-
                         gerufen am 3. November 2021, von https://
                         www.gallup.com/de/engagement-index-
                         deutschland.aspx

11 Umstrukturierun-   *Worried Workers: Korn Ferry Survey Finds*
    gen als Belastung   *Professionals Are More Stressed Out at Work*
                         Today Than 5 Years Ago. (2018, 8. Novem-
                         ber). Kornferry.Com. Abgerufen am 3 No-
                         vember 2021, von https://www.kornferry.
                         com/about-us/press/worried-workers-korn-
                         ferry-survey-finds-professionals-are-more-
                         stressed-out-at-work-today-than-5-years-
                         ago

11 Halbwertszeit   Innosight. (2021, Mai). *2021 Corporate*
    großer Organisa-   *Longevity Forecast.* innosight.com. Ab-
    tionen   gerufen am 3. November 2021, von
                         https://www.innosight.com/wp-content/
                         uploads/2021/05/Innosight_2021-Corpora-
                         te-Longevity-Forecast.pdf

TEIL 1 – UNLEARNING HIERARCHY

Kapitel 1: Zwischen Hierarchie und Selbstorganisation

20 Geste des   Di Maria, F., Falgares, G., & Coco, G. L.
    Ungehorsams   (2002). Lo straniero. Il pentito di mafia tra
                         ingroup e outgroup. *Psicologia Contempora-*
                         nea, 173.

20 Umsatz der Mafia   Wikipedia. (2004, 13. Februar). Cosa
    in Italien   Nostra. wikipedia.org. Abgerufen am
                         3. November 2021, von https://de.wiki-
                         pedia.org/wiki/Cosa_Nostra

20 Definition   Duden Online. (o. D.). Definition Hier-
    Hierarchie   archie. Duden.de. Abgerufen am 3. No-
                         vember 2021, von https://www.duden.de/
                         node/66302/revision/66338

21 Vorprammiert,   Haidt, J. (2012). *The Righteous Mind: Why*
    Hierarchien zu   *Good People Are Divided by Politics and*
    bilden   *Religion.* Pantheon.

21 informelle Hier-   Kühl, S. (2015). *Wenn die Affen den Zoo*
    archien werden   *regieren: Die Tücken der flachen Hierarchien.*
    dennoch entstehen   Campus.

Seite	Textauschnitt	Quelle
22	das Denken und Handeln anderer beeinflussen	Haken, H. & Schiepek, G. (2010). *Synergetik in der Psychologie: Selbstorganisation verstehen und gestalten* (2., korrigierte Aufl. 2010). Hogrefe Verlag.
22	schrumpfen die Grenzkosten	Oestereich, B. & Schröder, C. (2019). *Agile Organisationsentwicklung: Handbuch zum Aufbau anpassungsfähiger Organisationen* (1. Aufl.). Vahlen.
23	Anteil der Burn-out, Diagnosen hat sich verdoppelt	Statista. (2021, 20. Oktober). *Arbeitsunfähigkeitsfälle aufgrund von Burn-out-Erkrankungen in Deutschland bis 2019.* Abgerufen am 3. November 2021, von https://de.statista.com/statistik/daten/studie/239872/umfrage/arbeitsunfaehigkeitsfaelle-aufgrund-von-burn-out-erkrankungen/
24	Allgemeine Definition Selbstorganisation	Haken, H. & Schiepek, G. (2010) s. o.
24	Kollektives Verhalten von Ameisen	*Wie dumme Einzelteile zusammen intelligent werden – Emergenz.* (2019, 14. August). YouTube. Abgerufen am 3. November 2021, von https://www.youtube.com/watch?v=pb4YoMjcYM4
24	Emergentes Verhalten von Ameisen	Gordon, D. M. (1989). Dynamics of task switching in harvester ants. *Animal Behaviour, 38*(2), 194–204. https://doi.org/10.1016/s0003-3472(89)80082-x
24	Definition Selbstorganisation in Organisationen	Zeuch, A. (2020, 19. Dezember). *Definition Selbstorganisation.* die unternehmensdemokraten. Abgerufen am 3. November 2021, von https://unternehmensdemokraten.de/glossar/#selbstorganisation
25	Wie Buurtzorg funktioniert	Corporate Rebels. (2021, 9. April). *How Buurtzorg Works – Video Animation.* YouTube. Abgerufen am 3. November 2021, von https://www.youtube.com/watch?v=61TT2_Vo32Y
25	Anonyme Alkoholiker	Wikipedia. (2021, 3. November). *Alcoholics Anonymous.* Abgerufen am 3. November 2021, von https://en.wikipedia.org/wiki/Alcoholics_Anonymous

Quellen- und Literaturverzeichnis

Seite	Textausschnitt	Quelle
26	„Selbstorganisation können wir nicht einführen"	Geropp, B. (2020, 13. Juni). *Selbstorganisation in Unternehmen – Gespräch mit Lars Vollmer und Mark Poppenborg.* mehr-fuehren.de. Abgerufen am 3. November 2021, von https://www.mehr-fuehren.de/selbstorganisation-in-unternehmen/
26	„selbstorganisierte Ordnungen"	Haken, H. & Schiepek, G. (2010) s. o.
26	Die Tyrannei der Strukturlosigkeit	Freeman, J. (1972). The Tyranny of Structurelessness. *Berkeley Journal of Sociology,* 17, 151–164.
28	„ihr Gesicht dem CEO zuwendet und ihren Hintern dem Kunden"	*Jack Welch Quote.* (o. D.). A-Z Quotes. Abgerufen am 3. November 2021, von https://www.azquotes.com/quote/799061
28	„entstehen durch selbstorganisierte Teams"	*Prinzipien hinter dem Agilen Manifest.* (2001). agilemanifesto.org. Abgerufen am 3. November 2021, von https://agilemanifesto.org/iso/de/principles.html
28	„Unser Hauptzweck ist, nüchtern zu bleiben"	Anonyme Alkoholiker. (o. D.). *Die Präambel.* anonyme-alkoholiker.de. Abgerufen am 3. November 2021, von https://www.anonyme-alkoholiker.de/unsere-idee/praeambel/
29	„Jede Gruppe sollte selbstständig sein"	Anonyme Alkoholiker. (o. D.-b). *Zwölf Traditionen.* anonyme-alkoholiker.de. Abgerufen am 18. Oktober 2021, von https://www.anonyme-alkoholiker.de/unsere-idee/zwoelf-traditionen/
30	„Reagieren auf Veränderung mehr als das Befolgen eines Plans"	*Manifest für Agile Softwareentwicklung.* (2001). agilemanifesto.org. Abgerufen am 3. November 2021, von https://agilemanifesto.org/iso/de/manifesto.html
32	Die ING als beliebteste Bank Deutschlands	ING-DiBa AG. (o. D.). *Beliebteste Bank 2021.* Abgerufen am 3. November 2021, von https://www.ing.de/
34	und die Fluktuation sinkt (–3 Prozent)	SAP SE (2021). *Impact Report Unlearning Hierarchy.* Unveröffentlicht (internes, vertrauliches Dokument).

Seite	Textauschnitt	Quelle
34	Meta-Analyse Engagement	Gallup Inc. (2021b, September 3). *Gallup 2020 Q12 Meta-Analysis*. Gallup.com. Abgerufen am 3. November 2021, von https://www.gallup.com/workplace/321725/gallup-q12-meta-analysis-report.aspx
35	um 90 bis 100 Millionen Euro	SAP SE. (2021). *Integrierter Bericht der SAP 2020*. sap.de. Abgerufen am 3. November 2021, von https://www.sap.com/integrated-reports/2020/de.html
35	Mitarbeiterbindung führt zu Umsatzsteigerung	SAP SE (2020). *Internal Impact Report*. Unveröffentlicht (internes, vertrauliches Dokument).

Kapitel 2: Unlearning

39	Definition Unlearning	Oxford Dictionaries. (o. D.). *Definition „unlearn"*. Oxfordlearnersdictionaries. Com. Abgerufen am 3. November 2021, von https://www.oxfordlearnersdictionaries.com/definition/english/unlearn?q=unlearning
39	„einen Sieg über das eigene Ego darstellt"	Rank, O., Müller, B., Mühlleitner, E., Janus, L. & Lieberman, J. E. (2000). *Kunst und Künstler: Studien zur Genese und Entwicklung des Schaffensdranges (Bibliothek der Psychoanalyse)* (1. Aufl.). Psychosozial-Verlag.
39	Seerosen-Modell	Schein, E. H. (2009). *The Corporate Culture Survival Guide*. Jossey-Bass.
42	„Die Bilder, die in uns feuern, bestimmen unser Erleben"	Leeb, W. A., Trenkle, B. & Weckenmann, M. F. (2017). *Der Realitätenkellner: Hypnosystemische Konzepte in Beratung, Coaching und Supervision* (2. Aufl.). Carl-Auer Verlag GmbH.
42	Intersubjektive Realitäten	Harari, Y. N. (2020). *Homo Deus: Eine Geschichte von Morgen* (13. Auflage). C.H.Beck.
42	„es tut mir leid, dass ich jemals etwas mit ihr zu tun hatte"	Wheatley, M. J. (2006). *Leadership and the New Science: Discovering Order in a Chaotic World* (3. Auflage). Berrett-Koehler Publishers.

Quellen- und Literaturverzeichnis

Seite	Textauschnitt	Quelle
44	WEIRD	Henrich, J., Heine, S. J. & Norenzayan, A. (2010). Most people are not WEIRD. *Nature, 466*(7302), 29. https://doi.org/10.1038/466029a
44	Fraunhofer Kompetenzmodell für Führungskräfte	Fraunhofer-Gesellschaft e. V. (2014). *Führung bei Fraunhofer.* fraunhofer.de. Abgerufen am 3. November 2021, von https://www.fraunhofer.de/de/ueber-fraunhofer/corporate-responsibility/personalmanagement/fuehrung.html
45	„Wir fühlen uns nicht orientiert, wenn wir nicht definiert haben"	Schwemmle, M. & Schwemmle, K. (2012). *Systemisch beraten und steuern live, Hierarchie Lfd. Nr. 003: Systemisch beraten und steuern live 3: Methoden und Best Practices in Change Management und Führungskräfteentwicklung.* Vandenhoeck & Ruprecht.
46	Evaluation von Montessori-Schulen	Lillard, A. & Else-Quest, N. (2006). Evaluating Montessori Education. *Science, 313*(5795), 1893–1894. https://doi.org/10.1126/science.1132362
46	Berühmte Montessori-Schüler	Laschitz, M. (o. D.). *Berühmte Montessori-Schüler.* montessori-lernwelten.de. Abgerufen am 3. November 2021, von https://www.montessori-material.de/montessori-wissen/beruehmte-montessori-schueler
47	BMW braucht wieder mehr Alpha	Freitag, M. (2019, 5. Juli). *BMW braucht wieder mehr Alpha.* manager-magazin.de. Abgerufen am 3. November 2021, von https://www.manager-magazin.de/unternehmen/autoindustrie/bmw-chef-harald-krueger-abschied-von-bmw-group-a-1276040.html
48	Qualitätsmanagement im BDSU	Bund deutscher studentischer Unternehmensberatungen e. V. (2021, 4. Mai). *Qualitätsmanagement.* bdsu.de. Abgerufen am 3. November 2021, von https://bdsu.de/qualitaetsmanagement/
48	„Überwachung der internen Organisation"	Trirhena Consulting e. V. (o. D.). *Über uns.* Abgerufen am 3. November 2021, von https://www.trirhena-consulting.de/ueber-uns/

Seite	Textauschnitt	Quelle
48	Anton-Syndrom	Anton-Syndrom. (2017, 24. Oktober). In *wikipedia.org*. https://de.wikipedia.org/wiki/Anton-Syndrom
49	kognitive Verzerrungen	Kahneman, D., Sibony, O. & Sunstein, C. R. (2021). *Noise – A flaw in human judgement*. Harper Collins.
49	„Sensemaking"	Scharmer, O. & Senge, P. (2016). *Theory U: Leading from the Future as It Emerges* (2. Aufl.). Berrett-Koehler Publishers.
50	Autobahnen im Gehirn	Hufnagl, B. (2017). *Besser fix als fertig: Hirngerecht arbeiten in der Welt des Multitasking* (4. Aufl.). Molden Wien.
50	„Downloading"	Scharmer, O. & Senge, P. (2016). s. o.
51	Value-action gap	Value-action gap. (2021, 3. September). In *Wikipedia*. https://en.wikipedia.org/wiki/Value-action_gap
51	Lernende Organisation und „Zwei Theorien"	Argyris, C. (1990). *Overcoming Organizational Defenses: Facilitating Organizational Learning*. Prentice Hall.
52	Implizite und explizite Motive	McClelland, D. C., Koestner, R. & Weinberger, J. (1989). How do self-attributed and implicit motives differ? *Psychological Review, 96*(4), 690–702. https://doi.org/10.1037/0033-295x.96.4.690
53	Motive bei Studenten	Scheffer, D., Spinath, B., Kersting, M. & Christiansen, H. (2021). *Motivation in der Arbeitswelt: Wie Bedürfnisse, Motive, Emotionen und Ziele unser Handeln leiten (Faszinierende Psychologie: Vielfalt einer Wissenschaft)* (1. Aufl.). W. Kohlhammer GmbH

TEIL 2 – VERNETZTE ORGANISATIONEN

Kapitel 3: Mit sofortiger Wirksamkeit

| 62 | Netzwerkanalyse bei Reorganisationen | Rank, O. N. (2015). *Unternehmensnetzwerke: Erfassung, Analyse und erfolgreiche Nutzung*. Springer Gabler. |
| 63 | Burn-out im Zusammenhang mit Um- und Restrukturierungen | Köper, B. & Richter, G. (2016). Restrukturierung und Gesundheit. *Fehlzeiten-Report 2016*, 159–170. https://doi.org/10.1007/978-3-662-49413-4_14 |

Quellen- und Literaturverzeichnis

Seite	Textauschnitt	Quelle
64	In der Burn-out-Forschung hat sich gezeigt	Demerouti, E., Bakker, A. B., Nachreiner, F. & Schaufeli, W. B. (2001). The job demands-resources model of burnout. *Journal of Applied Psychology, 86*(3), 499–512. https://doi.org/10.1037/0021-9010.86.3.499
68	Beispiele Linux und Wikipedia	Whitehurst, J. & Hamel, G. (2015). *The Open Organization*. Reed Business Education.
69	Graswurzelinitiativen in Organisationen	Kluge, S. & Kluge, A. (2020). *Graswurzelinitiativen in Unternehmen: Ohne Auftrag – mit Erfolg!: Wie Veränderungen aus der Mitte des Unternehmens entstehen – und wie sie erfolgreich sein können* (1. Aufl.). Vahlen.
69	LEX	Deutsche Telekom AG. (2020, 22. Dezember). *Kleine Idee, große Wirkung: Die Erfolgsgeschichte von LEX – Lernen von Experten.* telekom.com. Abgerufen am 4. November 2021, von https://www.telekom.com/de/blog/konzern/artikel/lernen-von-experten-lex-die-erfolgsgeschichte-615210

Kapitel 4: Schachmatt

Seite	Textauschnitt	Quelle
75	„das Unbekanntsein der Zukunft"	Luhmann, N. (2011). *Organisation und Entscheidung (Rheinisch-Westfälische Akademie der Wissenschaften, 232, Band 232)* (3. Aufl.). Springer.
77	„Ich hätte es nicht umgesetzt"	Safian, R. (2018, 30. August). *Exclusive: Spotify CEO Daniel Ek on Apple, Facebook, Netflix–and the future.* Fastcompany.Com. Abgerufen am 4. November 2021, von https://www.fastcompany.com/90213545/exclusive-spotify-ceo-daniel-ek-on-apple-facebook-netflix-and-the-future-of-music
77	„wahrnehmen und anpassen"	Gothelf, J. & Seiden, J. (2017). *Sense and Respond: How Successful Organizations Listen to Customers and Create New Products Continuously*. Harvard Business Review Press.
78	Flickr liefer 10x pro Tag an seine Nutzer	Kim, G. et al. (2021). *The Devops Handbook: How to Create World-class Agility, Reliability & Security in Technology Organizations* (2. Aufl.). IT Revolution Press.

Quellen- und Literaturverzeichnis

Seite	Textauschnitt	Quelle

Kapitel 5: Mit sofortiger Wirksamkeit

Seite	Textauschnitt	Quelle
84	Rattenplage in Hanoi	Vann, M. G. (2003). Of Rats, Rice, and Race: The Great Hanoi Rat Massacre, an Episode in French Colonial History. *French Colonial History, 4*(1), 191–203. https://doi.org/10.1353/fch.2003.0027
85	Internet im Fahrradhelm	*ANGi Crash Sensor	Specialized.com*. (o. D.). Specialized.Com. Abgerufen am 4. November 2021, von https://www.specialized.com/us/en/angi-crash-sensor/p/170203?searchText=60519-8000&color=259980-170203
85	„gebeten, ihr Hirn auf Eis zu legen"	Hamel, G. & Zanini, M. (2020). *Humanocracy: Creating Organizations as Amazing as the People Inside Them*. Harvard Business Review Press.
86	Vergleich der Fixierung auf Metriken mit einer Religion	Muller, J. Z. (2018). *Tyranny of Metrics*. Princeton University Press.
86	Produktivität von Softwareentwicklern	Lyman, I. (2020, 10. Dezember). *Can developer productivity be measured?* Stack Overflow Blog. Abgerufen am 4. November 2021, von https://stackoverflow.blog/2020/12/07/measuring-developer-productivity/
88	sich künstlich und unproduktiv verhalten	Binswanger, M. (2010). *Sinnlose Wettbewerbe: Warum wir immer mehr Unsinn produzieren* (1. Aufl.). Herder.
89	„Raubüberfälle in Diebstähle verwandeln"	Revankar, R. (2014, 15. September). *Juking The Stats*. Roshan Revankar. Abgerufen am 4. November 2021, von https://www.roshanrevankar.com/2014/09/juking-the-stats/
89	Aussagen von Polizisten im Ruhestand	Ruderman, W. (2012, 29. Juni). *New York Police Department Manipulates Crime Reports, Study Finds*. The New York Times. Abgerufen am 4. November 2021, von https://www.nytimes.com/2012/06/29/nyregion/new-york-police-department-manipulates-crime-reports-study-finds.html

Quellen- und Literaturverzeichnis

Seite	Textauschnitt	Quelle
89	Strafzahlungen von drei Milliarden USD	Flitter, E. (2020, 22. Februar). *The Price of Wells Fargo's Fake Account Scandal Grows by $3 Billion*. The New York Times. Abgerufen am 4. November 2021, von https://www.nytimes.com/2020/02/21/business/wells-fargo-settlement.html
90	„Unsinn produzieren"	Binswanger, M. (2010). s. o.

TEIL 3 – VERTEILTE FÜHRUNG

Kapitel 6: L'entreprise – c'est moi!

Seite	Textauschnitt	Quelle
98	Joseph „Joe" Cassano	Lewis, M., Bischoff, U., Pyka, P. & Schöbitz, B. (2011). *The Big Short: Wie eine Handvoll Trader die Welt verzockte*. Goldmann.
100	„[...] Eine Tunnelbohrmaschie bauen und einfach losgraben"	Musk, E. (2016, 17. Dezember). *Traffic is driving me nuts*. Twitter. Abgerufen am 18. November 2021, von https://twitter.com/elonmusk/status/810108760010043392
100	„Wer Helden und Schuldige braucht"	Wohland, G. & Wiemeyer, M. (2007). *Denkwerkzeuge der Höchstleister* (1. Aufl.). Murmann.
101	„Ich habe das gehasst"	*ING-Diba: Eine Bank auf Speed*. (2018, November). brand eins online. Abgerufen am 4. November 2021, von https://www.brandeins.de/magazine/brand-eins-wirtschaftsmagazin/2018/lebensmittel/ing-diba-eine-bank-auf-speed
101	60 Prozent der Führungskräfte fühlen sich „verbraucht"	DDI. (2021). *Global Leadership Forecast 2021*. Abgerufen am 4. November 2021, von https://www.ddiworld.com/global-leadership-forecast-2021
101	nur sieben Prozent will Führung übernehmen	dpa. (2019, 21. September). *Fast niemand will mehr Manager werden*. FAZ.NET. Abgerufen am 4. November 2021, von https://www.faz.net/aktuell/karriere-hochschule/buero-co/manager-muedigkeit-fast-niemand-will-manager-werden-16396002.html

Seite	Textauschnitt	Quelle
101	Millenials und Karriere	Bertelsmann Stiftung. (2021, 15. Oktober). *2050: Die Zukunft der Arbeit.* Abgerufen am 4. November 2021, von https://www.bertelsmann-stiftung.de/de/publikationen/publikation/did/2050-die-zukunft-der-arbeit/
101	50 Prozent aller Arbeitnehmer:innen Millenials	Deloitte. (2014). *The Deloitte Millenial Survey.* Abgerufen am 4. November 2021, von https://www2.deloitte.com/content/dam/Deloitte/global/Documents/About-Deloitte/gx-dttl-2014-millennial-survey-report.pdf
102	Amazon Leadership Principles	Bryar, C. & Carr, B. (2021). *Working Backwards: Insights, Stories, and Secrets from Inside Amazon.* Macmillan Publishers.
103	„das ist deine Verantwortung und Entscheidung"	Hastings, R. & Meyer, E. (2020). *No Rules Rules: Netflix and the Culture of Reinvention.* WH Allen.
104	"Play for the name on the front of the shirt"	Kerr, J. (2013). *Legacy – What the All Blacks can teach us about the business of life.* Constable.
104	„Führung ist deshalb ein Gruppensport"	Egon Zehnder. (2020, 14. Februar). *Der heldenhafte Leader hat ausgedient, die Zukunft gehört einem kollektiven Führungsstil.* Abgerufen am 4. November 2021, von https://www.egonzehnder.com/de/insight/im-gesprach-mit-ed-schein

Kapitel 7: Wer hat hier die Macht?

Seite	Textauschnitt	Quelle
107	Shared Leadership steigert die Leistungsfähigkeit	Carson, J. B., Tesluk, P. E. & Marrone, J. A. (2007). Shared Leadership in Teams: An Investigation of Antecedent Conditions and Performance. *Academy of Management Journal,* 50(5), 1217–1234. https://doi.org/10.5465/amj.2007.20159921
107	Nucor teilt Führungsrollen auf	Hamel, G. & Zanini, M. (2020). s. o.
109	Menschen sind von Natur aus mächtig	McCord, P. (2018). *Powerful: Building a Culture of Freedom and Responsibility.* Ingram Publisher Services.

211

Quellen- und Literaturverzeichnis

Seite	Textauschnitt	Quelle
110	Schwarmorganisationen bei Daimler	Grabmeier, S. (2019, 13. Mai). *Daimler agil – auf dem Weg zur Schwarmorganisation.* Stephan Grabmeier. Abgerufen am 4. November 2021, von https://stephangrabmeier.de/daimler-auf-dem-weg-zur-agilen-schwarmorganisation-2/

Kapitel 8: Am Ende muss einer entscheiden

Seite	Textauschnitt	Quelle
114	„Der Sinn von Führung"	Luhmann, N. (2011). s. o.
115	„Ich habe alle eure Namen"	Lutz, B. (2015, 4. November). *One Man Established the Culture That Led to VW's Emissions Scandal.* Road & Track. Abgerufen am 19. November 2021, von https://www.roadandtrack.com/car-culture/a27197/bob-lutz-vw-diesel-fiasco
116	W.L. Gore	Morgan, J. (2015, 20. Juli). *The 5 Types Of Organizational Structures: Part 3, Flat Organizations.* Forbes. Abgerufen am 4. November 2021, von https://www.forbes.com/sites/jacobmorgan/2015/07/13/the-5-types-of-organizational-structures-part-3-flat-organizations/?sh=7063d7a6caa5
117	Delegation Board	Management 3.0. (2021, 29. Oktober). *Delegation Poker & Delegation Board.* Abgerufen am 18. November 2021, von https://management30.com/practice/delegation-poker/
117	„move authority to information"	Marquet, D. L. & Covey, S. R. (2015). *Turn The Ship Around!: A True Story of Turning Followers Into Leaders.* Penguin.
118	Baseball Cards	Dalio, R. (2017). *Principles.* Simon & Schuster.
118	Konsent	Klein, S. & Hughes, B. (2019). *Der Loop-Approach: Wie Du Deine Organisation von innen heraus transformierst.* Campus Verlag.

Kapitel 9: Der Mensch als Ressource

Seite	Textauschnitt	Quelle
125	Mitarbeitereinkommen	Werner, G. W. (2015). *Womit ich nie gerechnet habe: Die Autobiographie* (6. Aufl.). Ullstein.

Seite	Textauschnitt	Quelle
126	Meditations-kabinen	Entrepreneur. (2021, 7. Juni). *Amazon presented its meditation cabins for stressed employees and in networks they respond with hate and memes.* Abgerufen am 18. November 2021, von https://www.entrepreneur.com/article/373917
126	Engagement Index	Gallup Inc. (2021a) s. o.
127	Meta-Analyse Engagement	Gallup Inc. (2021b). s. o.
128	„Alles was sie brauchen, ist eine ordentliche Software"	Anna Cray – Grafikstudio. (o. D.). *LEXWARE.* Abgerufen am 4. November 2021, von https://www.annacray.com/portfolio/lexware/
129	„einzigartige Individuen"	Csikszentmihalyi, M. (2015). *Flow: Das Geheimnis des Glücks* (18. Aufl.). Klett-Cotta.
130	Deliberately Development Organisations (DDOs)	Kegan, R. et al (2016). *An Everyone Culture: Becoming a Deliberately Developmental Organization.* Harvard Business Review Press.
130	Colleague Letter of Understanding (CLOU)	Green, P. (2010, 15. April). *The Colleague Letter of Understanding: Replacing Jobs with Commitments.* Management Innovation EXchange. Abgerufen am 4. November 2021, von https://www.managementexchange.com/story/colleague-letter-understanding-replacing-jobs-commitments
131	Valve Employee Handbook	*Valve Employee Handbook.* (2012). Valve Software. Abgerufen am 4. November 2021, von https://cdn.cloudflare.steamstatic.com/apps/valve/Valve_NewEmployeeHandbook.pdf
131	Valve Gewinn / Mitarbeiter	Business Insider. (2011, 17. Februar). *The Tech Company With The Highest Profits Per Employee Isn't Apple Or Google.* Abgerufen am 19. November 2021, von https://www.businessinsider.com/valve-profits-2011-2?international=true&r=US&IR=T
134	„in dieser komplexen und z. T. chaotischen Welt"	Rock, D. (2011). *Brain at Work: Intelligenter arbeiten, mehr erreichen.* Campus.

Quellen- und Literaturverzeichnis

Seite Textauschnitt   Quelle

Kapitel 10: Vertrauen ist gut, Kontrolle ist besser

Seite	Textauschnitt	Quelle
136	„ihren gesunden Menschenverstand zu nutzen"	Bryan, B. (2017, 12. April). *United Airlines CEO: „This can never, will never happen again on a United Airlines flight"*. Business Insider. Abgerufen am 4. November 2021, von https://www.businessinsider.com/united-airlines-ceo-oscar-munoz-apology-david-dao-good-morning-america-2017-4
137	E-Mail-Server abschalten	Hans-Böckler-Stiftung. (2014, April). *Recht auf Abschalten*. Abgerufen am 4. November 2021, von https://www.boeckler.de/de/magazin-mitbestimmung-2744-recht-auf-abschalten-5074.htm
137	„Wer Zäune um Menschen baut, bekommt Schafe"	Förster, A. & Kreuz, P. (2014). *Nur Tote bleiben liegen: Entfesseln Sie das lebendige Potenzial in Ihrem Unternehmen*. Pantheon.
137	für Maschinen, die Hunderttausende Euros kosten	Minnaar, J. (2017). *FAVI: How Zobrist Broke Down FAVI's Command-and-Control Structures*. Corporate Rebels. Abgerufen am 4. November 2021, von https://corporate-rebels.com/zobrist/
137	die Organisation, die daran glaubt, dass der Mensch gut ist	Zobrist, J. F. (2014). *La belle histoire de Favi: l'entreprise qui croit que l'homme est bon*. Humanisme & Organisations.
138	The Human Side of Enterprise	McGregor, D. (2005). *The Human Side of Enterprise*. McGraw-Hill Professional.
139	nur 45 Prozent hatten auch die Möglichkeit dazu	Bitkom e. V. (2020, 8. Dezember). *Mehr als 10 Millionen arbeiten ausschließlich im Homeoffice*. Abgerufen am 4. November 2021, von https://www.bitkom.org/Presse/Presseinformation/Mehr-als-10-Millionen-arbeiten-ausschliesslich-im-Homeoffice
140	„Handle im besten Interesse von Netflix"	Hastings, R. (2009, 1. August). *Netflix Culture Deck* [Präsentationsunterlage]. SlideShare. https://de.slideshare.net/reed2001/culture-1798664
141	Vorstandsmeetings „mitarbeiteröffentlich"	Bock, L. (2016). *Work Rules!: Insights from Inside Google That Will Transform How You Live and Lead* (1. Aufl.). John Murray.

Seite	Textauschnitt	Quelle
141	„You go to jail, if you trade on this"	Hastings, R. & Meyer, E. (2020). s. o.
141	ROWE	*GoROWE — Research*. (o. D.). GoROWE. Abgerufen am 4. November 2021, von https://www.gorowe.com/the-research-shows
141	ROWE bei Best Buy	Pink, D. H. (2020). s. o.

Kapitel 11: Zuckerbrot und Peitsche

146	>200 Stunden pro Manager jährlich	Cunningham, L. (2015, 21. Juli). *In big move, Accenture will get rid of annual performance reviews and rankings*. Washington Post. Abgerufen am 4. November 2021, von https://www.washingtonpost.com/news/on-leadership/wp/2015/07/21/in-big-move-accenture-will-get-rid-of-annual-performance-reviews-and-rankings/
147	rechneten nur 6 Prozent damit	Endres, H. (2011, 03. März). *Management by Farce*. Abgerufen am 4. November 2021 von https://www.spiegel.de/wirtschaft/karriere-planung-management-by-farce-a-748135.html
147	Kreativität und Kollaboration leiden	Ordonez, L. D., Schweitzer, M. E., Galinsky, A. D. & Bazerman, M. H. (2009). Goals Gone Wild: The Systematic Side Effects of Over-Prescribing Goal Setting. *Havard Business School Working Papers*. Published. https://doi.org/10.2139/ssrn.1332071
148	Nine Lies About Work	Buckingham, M. (2019). *Nine Lies about Work*. Havard Business Review Press.
150	Mitarbeiter-motivation	Pink, D. H. (2020). s. o.
151	„unterminiert die Intrinsische"	Schwartz, B. (2015). *Why We Work*. Simon & Schuster.
151	crowding out effect	Frey, B. S. & Jegen, R. (2001). Motivation Crowding Theory. *Journal of Economic Surveys, 15*(5), 589–611. https://doi.org/10.1111/1467-6419.00150

Quellen- und Literaturverzeichnis

Seite	Textauschnitt	Quelle
151	Hygeniefaktor	Herzberg, F. (2008). *One More Time: How Do You Motivate Employees? (Harvard Business Review Classics) (English Edition)*. Harvard Business Review Press.
152	Durch den Versuch des Motivierens wird die Motivation gedämpft	Pink, D. H. (2020). s. o.
152	Verschlechterung im Gesamtsystem	Kleingeld, A., van Mierlo, H. & Arends, L. (2011). The effect of goal setting on group performance: A meta-analysis. *Journal of Applied Psychology, 96*(6), 1289–1304. https://doi.org/10.1037/a0024315
152	„What makes a team effective?"	Edmondson, A. C. (2018). *The Fearless Organization: Creating Psychological Safety in the Workplace for Learning, Innovation, and Growth*. Wiley.
156	„idiosynkratischer Rater-Effekt"	Buckingham, M. (2019). s. o.
157	New Pay	Franke, S., Hornung, S. & Nobile, N. (2019). *New Pay – Alternative Arbeits- und Entlohnungsmodelle* (1. Auflage 2019 Aufl.). Haufe.
158	Ex post vs. ex ante	Pink, D. H. (2020). s. o.
159	Peer-Nominierung	Elliott, G. & Corey, D. (2018). *Build It: The Rebel Playbook for World-Class Employee Engagement* (1. Aufl.). Wiley.

TEIL 5 – EXPEDITIONEN: EINE NAVIGATIONSHILFE

164	Eisanalogie der Veränderung	Cummings, S., Bridgman, T. & Brown, K. G. (2015). Unfreezing change as three steps: Rethinking Kurt Lewin's legacy for change management. *Human Relations, 69*(1), 33–60. https://doi.org/10.1177/0018726715577707
165	Weiterführende Handbücher	Oestereich, B. & Schröder, C. (2019). s. o.
		Breidenbach, J. & Rollow, B. (2019). *New Work needs Inner Work: Ein Handbuch für Unternehmen auf dem Weg zur Selbstorganisation* (2. Aufl.). Vahlen.
		Klein, S. & Hughes, B. (2019). s. o.

Seite	Textauschnitt	Quelle
168	Vergleich der Expeditionen von Amundsen und Scott	Comparison of the Amundsen and Scott expeditions. (2021, 23. Oktober). In *Wikipedia*. https://en.wikipedia.org/wiki/Comparison_of_the_Amundsen_and_Scott_expeditions
169	„Wir haben genau ein Ziel"	Huntford, R. (2000). *Scott And Amundsen: The Last Place on Earth*. Abacus.
174	"People support a world they helped create"	Dale Carnegie AU. (o. D.). *How to Win Friends and Influence People*. Abgerufen am 18. November 2021, von https://www.dalecarnegietraining.com.au/how-to-win-friends-and-influence-people
175	Verantwortungs-diffusion	Darley, J. M. & Latane, B. (1968). Bystander intervention in emergencies: Diffusion of responsibility. *Journal of Personality and Social Psychology, 8*(4), 377–383. https://doi.org/10.1037/h0025589
175	Transformation Team	Oestereich, B. & Schröder, C. (2019). s. o.
178	drei Modi: Kampf, Flucht oder Erstarren	Hüther, G. (2020). *Wege aus der Angst: Über die Kunst, die Unvorhersehbarkeit des Lebens anzunehmen*. Vandenhoeck & Ruprecht.
178	Kohärenzgefühl	Antonovsky, A. (1979). *Health, Stress, and Coping*. Macmillan Publishers.
179	Agile Organisa-tionsentwicklung	Oestereich, B. & Schröder, C. (2019). s. o.
180	Holakratie	Robertson, B. J. (2016). *Holacracy – Ein revolutionäres Management-System für eine volatile Welt*. Vahlen.
180	Operating System (OS) im Loop Approach	Klein, S. & Hughes, B. (2019). s. o.
180	Valve Employee Handbook	*Valve Employee Handbook*. (2012). s. o.
182	„Die beste Investition"	Schmid, B. & Veith, T. (2014). *Systemische Organisationsentwicklung: Change und Organisationskultur gemeinsam gestalten (Systemisches Management)*. Schäffer-Poeschel.

Quellen- und Literaturverzeichnis

Seite	Textauschnitt	Quelle
185	Naomi Osaka und Simone Biles	Platschko, N. & Muschong, M. (2021, 30. Juli). *Olympia 2021: Simone Biles, Naomi Osaka und der Kampf gegen die Dämonen.* T-Online. Abgerufen am 4. November 2021, von https://www.t-online.de/sport/ olympia/id_90526454/olympia-2021-simone-biles-naomi-osaka-und-der-kampf-gegen-die-daemonen.html
185	Carsten Maschmeyer über seine Tablettensucht	Backovic, L. (2021, 10. September). *Carsten Maschmeyer im Interview über seine Tablettensucht.* Handelsblatt. Abgerufen am 4. November 2021, von https://www. handelsblatt.com/karriere/interview-mir-war-klar-das-endet-nicht-als-happy-end-carsten-maschmeyer-und-sein-arzt-ueber-den-tiefpunkt-seiner-karriere/27598564. html
190	„Ein evolutionärer Prozess mit revolutionärer Wirkung."	Oestereich, B. & Schröder, C. (2019). s. o.
190	„wir würden die Retrospektive wählen."	Oestereich, B. & Schröder, C. (2019). s. o.

Danksagung

Danksagung

Wie die Expedition in die Selbstorganisation, so war auch das Schreiben dieses Buches für uns eine Reise in unbekanntes, raues Terrain. Wir wären nicht weit gekommen, ohne unsere vielen Unterstützer.

Vielen Dank an den Vahlen Verlag und unseren Lektor Thomas Ammon für den Glaube an unsere Idee, Harald Willenbrock und Oliver Domzalski für die geduldige Unterstützung mit Text und rotem Faden, Tim Höttges für sein ermutigendes Vorwort und Marvin Deversi, David Dornseifer, Christine Genot, Nicole Häffner, Klaus Häuptle, Daniel Pauw, Michael Polt, Verena Vonier und Sarah Wagenblast für ihr wertvolles Feedback.

Dankbar sind wir auch allen, die voller Leidenschaft die Communities und Netzwerke rund um Selbstorganisation und verteilter Führung mit Leben füllen. Der Mut, die positive Veränderungsenergie und die Offenheit der Menschen im New Work Movement, aber auch in Netzwerken außerhalb der SAP (z.B. im Konzernaustausch Selbstorganisation; www.kaso.community), sind für uns Inspiration und Antrieb zugleich.